世界儿童经典爱读系列

神奇 海洋天空动物

主编：崔钟雷

吉林出版集团 JILIN PUBLISHING GROUP

吉林美术出版社｜全国百佳图书出版单位

前言

玉不琢，不成器。人不学，不知义。童年是人生中最美好的一段时光。儿时的我们犹如一块纯洁无暇的璞玉，有待于接受精心的雕琢；又如一幅洁白的画卷，等待着谱写美丽的篇章。孩子们的眼中充满着美好而又纯真的幻想，憧憬着广阔而又光明的未来，时刻流露着对大千世界的好奇与向往，他们像一只五彩的蝴蝶在追寻雨露和阳光，像一叶扁舟渴望在知识的海洋中扬帆远航。

21 世纪是科技迅猛发展的时代，世界的面貌也将随着知识的拓展而发生转变，素质的全面发展成为未来人才的基本要求。然而知识的探索是永远没有止境的，关键在于我们是否怀有一颗勇于探索的心。作为未来主人翁的小朋友们更应从小培养勇于探索的学习态度。

天上是否会同时出现两个太阳？月亮为什么会有阴晴圆缺？鸵鸟为什么不会飞？孔雀为什么要开屏？浩瀚的宇宙空间是否有神秘的外星生物？中国古老文化又是如何渊源流传的……这一切组成了一部集百家之长于一身，涵盖天文地理、文化科技、动植物王国等诸多领域于一体的《经典爱读》系列丛书。

　　本丛书吸收了前人的成果，针对中国青少年儿童的阅读习惯和认知规律，将知识的趣味性和实用性充分融合。全书图解详细，说理透彻，全面的内容辅以简明的注音体例，精选了上千幅彩色图片，让孩子们在快乐、轻松的阅读氛围中，架构自己知识的宏图。我们真诚地希望您的孩子在这些科学知识的陪伴下，收获快乐，茁壮成长，度过一个美好又幸福的童年。

编　者

目录 CONTENTS

大 洋 动 物

飞 行 动 物

DAYANG
DONGWU

大洋动物

畅游在辽阔深邃的海洋世界，
流连于绚丽神秘的海底王国，
为好奇的心灵铺设一条跨越海陆的彩虹，
开始探寻海洋生灵的梦幻之旅。

千姿百态的珊瑚

珊瑚是海洋腔肠动物最美丽的代表。珊瑚在腔肠动物中是个统称，属刺胞动物门。珊瑚通常包括软珊瑚、柳珊瑚、红珊瑚、石珊瑚、角珊瑚、水螅珊瑚、苍珊瑚和笙珊瑚等。珊瑚是珊瑚虫分泌出的外壳，珊瑚虫在白色幼虫阶段便自动固定在先辈珊瑚的石灰质遗骨堆上，就这样，无数代的珊瑚虫构成了我们所看到的珊

瑚。珊瑚的化学成分主要为 CaCO₃，以微晶方解石集合体形式存在，珊瑚的形态多呈树枝状，上面有纵条纹，颜色鲜艳美丽。颜色亮丽的珊瑚树是人们十分青睐的装饰品，而且还具有很高的药用价值。

珊瑚纲是腔肠动物门最大的一个纲，全部为海生。已知腔肠动物门有九千余种动物。

珊瑚虫的身体成中空的圆柱形，下端附着在珊瑚表面，顶端有口，周围有多圈触手，能够伸展。珊瑚虫在生长过程中能吸收海水中的钙和二氧化碳，然后分泌出石灰石，变为自己生存的外壳。珊瑚虫的每一个单体的珊瑚虫只有米粒那样大小，它们一群一群地聚居在一起，一代代地新陈代谢，生长繁衍，同时不断分泌出石灰石，并黏合在一起，这样就组成了珊瑚。另外，这些石灰石经过以后的压实、石化，形成岛屿和礁石，也就是所谓的珊瑚礁。

迷你档案馆

英文名：Coral
中文名：珊瑚
类　别：腔肠类
科　属：珊瑚虫纲
分布地：热带、亚热带
　　　　浅海区

触手众多的海葵

hǎi kuí shì wǒ guó gè dì hǎi bīn zuì cháng jiàn de hǎi yáng qiāng cháng dòng wù shì yì
海葵是我国各地海滨最常见的海洋腔肠动物，是一
zhǒng gòu zào fēi cháng jiǎn dān de dòng wù hǎi kuí de wài biǎo hěn xiàng zhí wù hǎi kuí de
种构造非常简单的动物。海葵的外表很像植物，海葵的
dān tǐ chéng yuán zhù zhuàng zhù tǐ kāi kǒu duān wéi kǒu pán kǒu pán zhōng yāng wéi kǒu kǒu
单体呈圆柱状，柱体开口端为口盘，口盘中央为口，口
bù zhōu wéi shì shù liàng zhòng duō de chù shǒu zhè xiē shí fēn róu ruǎn de chù shǒu yóu rú měi
部周围是数量众多的触手，这些十分柔软的触手犹如美
lì de huā bàn shǐ de hǎi kuí kàn qi lai xiàng yì duǒ xiàng rì kuí yí yàng
丽的花瓣，使得海葵看起来像一朵向日葵一样。

海葵的颜色多样，绿的、红的、白的、橘黄的、具斑点或条纹的或多色的，这些颜色使得海葵显得分外美丽。

海葵之所以有各种各样的颜色，一是因为它们自身的色素，二是来自它们的共生海藻。海葵可以帮助海藻充分地进行光合作用，海藻则可以为海葵提供营养。

多数海葵性情孤僻，喜欢独居，个体相遇时也常会发生冲突甚至厮杀。两个海葵在刚接触时触手一接触就会分开，但是接下来就会有两种不同的结局：两者若属同一无性生殖系的成员，就会逐渐伸展触手，像朋友握手一样相互搭在一起；若属不同繁殖系的成员，触手一接触就缩回，然后彼此剑拔弩张，展开一场厮杀。海葵之间展开争斗主要是为了争夺生存领地。

迷你档案馆

英文名：Sea Anemone
中文名：海葵
类　别：腔肠动物
科　属：珊瑚虫纲海葵目
分布地：世界各海洋

「海鞘
海鞘中凤梨」

hǎi qiào shì jǐ suǒ dòng wù mén wěi suǒ dòng wù yà mén hǎi qiào
海鞘是脊索动物门尾索动物亚门海鞘

gāng de zǒng chēng quán shì jiè dà gài yǒu zhǒng hǎi qiào fēn
纲的总称，全世界大概有1 250种海鞘，分

bù yú shì jiè gè dà hǎi yáng zhōng hǎi qiào yòu chēng hǎi zhōng fèng
布于世界各大海洋中。海鞘又称海中凤

lí yīn xíng zhuàng xiàng fèng lí ér dé míng hǎi qiào gāng yòu kě fēn
梨，因形状像凤梨而得名。海鞘纲又可分

wéi dān hǎi qiào hé fù hǎi qiào liǎng dà lèi cháng jiàn de hǎi qiào yǒu
为单海鞘和复海鞘两大类。常见的海鞘有：

bō li hǎi qiào yǒu bǐng hǎi qiào nǐ jú hǎi qiào děng bō li hǎi qiào
玻璃海鞘、有柄海鞘、拟菊海鞘等。玻璃海鞘

de bèi náng shì tòu míng de tǐ nèi de wǔ zàng liù fǔ kě yǐ kàn de
的被囊是透明的。体内的五脏六腑可以看得

yì qīng èr chǔ yǒu bǐng hǎi qiào chú le jīng bǐng wài tǐ biǎo hái shēng
一清二楚；有柄海鞘除了茎柄外，体表还生

yǒu xǔ duō bù guī zé de liú zhuàng lóng qǐ nǐ jú hǎi qiào yǐ wú xìng
有许多不规则的瘤状隆起；拟菊海鞘以无性

chū yá shēng zhí fāng shì xíng chéng qún tǐ fǎng fú chéng huáng sè de
出芽生殖方式形成群体，仿佛橙黄色的

海鞘一般呈不规则椭圆形，一端固着，另一端有两个凸起处为出入水孔，出水孔较入水孔低。

花朵。海鞘有着脊索动物中独一无二的血液循环系统:它为开管式循环,是脊索动物中所罕见的;更奇妙的是,它的血流方向会每隔几分钟颠倒一次,绝对是独一无二。

海鞘形状各异,有的像茄子;有的似花朵;有的外形很像茶壶。

海鞘广泛分布于世界各大海洋中,从潮汐到千米以下的深海都有它的足迹。由于海鞘喜寒,主要生存的地区都在寒带或温带,热带地区较少并且个头也较小。

海鞘常常附着于这一范围内的任何适当物体的表面,有些船只底部因受海鞘大量附着,使得航行速度变慢,浪费了许多燃料。海鞘主要生活在寒带或温带,这一地区的海鞘体形都较大,而暖海海域的海鞘体形较小。

迷你档案馆

英文名:Ascidiacea
中文名:海鞘
类 别:无脊椎动物
科 属:海鞘纲
分布地:世界各大海洋

海洋之花——海绵

海绵动物是海洋中最原始、最低等的多细胞动物，早在寒武纪以前它们就已经出现，并且至今仍生存繁衍着。

海绵也被称为海洋之花，它们五颜六色，各具形态。有扁管状的白枝海绵，有圆筒形的古杯海绵，有形象逼真的枇杷海绵，也有被称为"维纳斯花篮"的偕老同穴海绵等。海绵动物的体形各异，小的有芝麻大小，大的则有2米长，它们常常在其附着的基质上形成薄薄的覆盖层，其他海绵动物则形态各异，呈块状、管状、分叉状、伞状、杯状、扇状或不定形。它们色泽鲜亮绚丽，这主要是因为它们体内的类胡萝卜素，主要为黄色或红色。

迷你档案馆

英文名:Sponge
中文名:海绵
类　别:无脊椎动物
科　属:多孔动物门
分布地:各海洋及个别
淡水水域

hǎi mián dòng wù zǒng shì xíng dān yǐng zhī de dú chǔ yì yú   fán shì hǎi mián dòng wù qī jū
海绵动物总是形单影只地独处一隅，凡是海绵动物栖居

de dì fang jiù hěn shǎo yǒu qí tā dòng wù qián qù jū zhù   hǎi mián dòng wù de shù liàng shí fēn
的地方就很少有其他动物前去居住。海绵动物的数量十分

páng dà   zài quán qiú gè dà hǎi yáng zhōng dōu yǒu fēn bù   zài jiān yìng de jī zhì shang   tā men
庞大，在全球各大海洋中都有分布。在坚硬的基质上，它们

gèng shì duō de jīng rén   ér zài bù wěn dìng de shā dì huò ní zhǎo de shēng cún huán jìng zhōng què
更是多得惊人，而在不稳定的沙地或泥沼的生存环境中却

jí shǎo jiàn dào tā men de shēn yǐng   hǎi mián dòng wù de shòu mìng bǐ jiào cháng   yǒu de zhǒng lèi
极少见到它们的身影。海绵动物的寿命比较长，有的种类

jù shuō kě yǐ huó jǐ bǎi nián
据说可以活几百年。

脾气暴躁的龙虾

龙虾又名大虾、龙头虾、虾魁、海虾等，是虾类中最大的一类。它头胸部较粗大，外壳坚硬，色彩斑斓，腹部短小，体长一般为20厘米～40厘米。龙虾的身体呈粗圆筒状，背腹稍平扁，头胸甲发达，坚厚多棘，前缘中央有一对强大的眼上棘。

龙虾分布于世界各大洲，品种繁多，它们一般栖息于温暖海洋的近海海底或岸边。我国常见的种类有：中国龙虾，呈橄榄色，产于广东沿海一带，体形较大，产量也较大；波纹龙虾，颜色体形都与中国龙虾相似，产于南海近岸区；密毛龙虾，产于海南岛

送你档案馆

英文名：Palinuridae
中文名：龙虾
类　别：节肢动物
科　属：甲壳纲十足目
分布地：广泛分布

hé xī shā qún dǎo　jǐn xiù lóng xiā　yǒu měi lì wǔ cǎi huā wén
和西沙群岛；锦绣龙虾，有美丽五彩花纹，

chǎn yú zhè jiāng zhōu shān qún dǎo yí dài　cǐ wài　hái yǒu rì běn lóng
产于浙江舟山群岛一带。此外，还有日本龙

xiā　zá sè lóng xiā　shǎo cì lóng xiā　cháng zú lóng xiā děng
虾、杂色龙虾、少刺龙虾、长足龙虾等。

lóng xiā xǐ huan qī xī yú shuǐ cǎo　shù zhī　shí xì děng yǐn
龙虾喜欢栖息于水草、树枝、石隙等隐

bì wù zhōng　cháng cháng zhòu fú yè chū　bù xǐ qiáng guāng　lóng
蔽物中，常常昼伏夜出，不喜强光。龙

xiā yǒu hěn qiáng de qū shuǐ liú xìng　xǐ xīn shuǐ　huó shuǐ　jīng cháng
虾有很强的趋水流性，喜新水、活水，经常

nì shuǐ shàng sù　qiě xǐ jí qún shēng huó　lóng xiā shēng xìng hào
逆水上溯，且喜集群生活。龙虾生性好

dòu　zài sì liào bù zú huò zhēng duó qī xī dòng xué shí　wǎng wǎng
斗，在饲料不足或争夺栖息洞穴时，往往

chū xiàn líng qiáng qī ruò　qī xiǎo pà dà xiàn xiàng
出现凌强欺弱、欺小怕大现象。

富含蛋白质的磷虾

shì jiè shang zuì páng dà de dòng wù qún bìng bú sh. zhuàng guān
世界上最庞大的动物群并不是壮观

de xùn lù qún　yě bú shì jiǎo mǎ qún　ér shì yóu lín xiā zǔ chéng de
的驯鹿群，也不是角马群，而是由磷虾组成的

qún tǐ　yǒu shí yí gè lín xiā qún kě yǐ xíng chéng　　mǐ cháng shù
群体。有时一个磷虾群可以形成500米长、数

bǎi mǐ kuān de duì wǔ　ér měi lì fāng mǐ hǎi shuǐ zhōng lín xiā de shù
百米宽的队伍，而每立方米海水中磷虾的数

liàng duō dá　wàn zhī　bú guò tā men cháng cháng chéng wéi yú lèi　hǎi
量多达3万只！不过它们常常成为鱼类、海

niǎo　hǎi bào hé jīng děng dòng wù de bǔ shí duì xiàng
鸟、海豹和鲸等动物的捕食对象。

lín xiā de wài xíng kù sì xiǎo shí zú xiā lèi　tǐ cháng wéi　háo
磷虾的外形酷似小十足虾类，体长为6毫

mǐ　　háo mǐ　qí yǎn bǐng fù miàn　xiōng bù jí fù bù de fù zhī
米～95毫米。其眼柄腹面、胸部及腹部的附肢

jī bù dōu jù yǒu qiú zhuàng fā guāng qì　kě fā chū lín guāng suǒ
基部都具有球状发光器，可发出磷光。所

yǐ dāng lín xiā qún jīng guò mǒu dì shí　hǎi shuǐ yě wèi zhī biàn sè　zài
以当磷虾群经过某地时，海水也为之变色：在

bái tiān hǎi miàn chéng xiàn yí piàn qiǎn hè sè　yè lǐ zé chū xiàn yí
白天海面呈现一片浅褐色；夜里则出现一

piàn yíng guāng　lín xiā de shí xìng yīn nián líng ér yì　yòu tǐ lǜ shí
片荧光。磷虾的食性因年龄而异，幼体滤食

迷你档案馆

英文名：Krill
中文名：磷虾
类　别：节肢动物
科　属：甲壳纲十足目
分布地：世界各大海洋

guī zǎo hé yǒu jī suì xiè 硅藻和有机碎屑，chéng tǐ bǔ shí ráo zú lèi hé qí tā xiǎo xíng fú yóu dòng wù 成体捕食桡足类和其他小型浮游动物。

lín xiā xǐ huan jí qún shēng huó yě xǔ zhè shì yì zhǒng běn néng fǎn yìng yǐ biàn zài 磷虾喜欢集群生活，也许这是一种本能反应，以便在 yù dào tiān dí huò zài è liè huán jìng zhōng shēng huó shí néng gòu xiāng hù zhào yìng qiú dé 遇到天敌或在恶劣环境中生活时能够相互照应，求得 shēng cún lín xiā shì shì jiè shang hán dàn bái zhì zuì gāo de shēng wù nán jí lín xiā de zī 生存。磷虾是世界上含蛋白质最高的生物。南极磷虾的资 yuán fēng fù gū jì nán dà yáng yǒu ruò gān yì dūn bèi yù wéi shì jiè wèi lái de shí pǐn 源丰富，估计南大洋有若干亿吨，被誉为"世界未来的食品 kù mù qián nián chǎn liàng wǔ shí duō wàn dūn 库"，目前年产量五十多万吨。

"海中刺客"——海胆

海胆是一种无脊椎动物，有八九百种。海胆就是一种外形奇特的海洋动物，它个头不大，体形呈圆球状，直径大约二十厘米，犹如一个长满硬刺的紫色仙人球，有"海中刺客"的雅号。海胆的外壳由20块石灰质板片相连构成，以此来保护它内层薄薄的皮肤。管足从板片上的一些小孔伸出，其末端带有吸盘。通过向孔内压水，便可以使海胆沿垂直表面向上攀升。

海胆与丛林中的刺猬也有很多相似之处，所以渔民常把海胆称为"龙宫刺猬""海底树球"。但是，在海胆身上常常寄居着如甲壳类、海参类，以及蠕虫等许多软体动物。

迷你档案馆

英文名:Echinoidea
中文名:海胆
类　别:棘皮动物
科　属:海胆纲
分布地:世界各海洋

tā men chéng le hǎi dǎn de bú sù zhī kè　rán ér què néng
它们 成 了海胆的不速之客,然而却能

yǔ hǎi dǎn hé píng xiāng chǔ　guò zhe ān yì de shēng huó
与海胆和平相处,过着安逸的生活。

hǎi dǎn yǒu bèi guāng hé zhòu fú yè chū de xí xìng　kào zhēn
海胆有背光和昼伏夜出的习性,靠针

cì fáng yù dí hài　dāng fā xiàn liè wù huò zāo dào gōng jǐ shí
刺防御敌害。当发现猎物或遭到攻击时,

hǎi dǎn biàn yòng zhēn cì bǎ dú yè zhù rù dào duì fāng tǐ nèi　suǒ
海胆便用针刺把毒液注入到对方体内。所

yǐ　rén huò dòng wù dōu róng yì shòu dào hǎi dǎn de shāng hài　hǎi
以,人或动物都容易受到海胆的伤害。海

dǎn de zhēn cì pái liè chéng luó xuán zhuàng　bìng qiě zài cì jiān
胆的针刺排列呈螺旋状,并且在刺尖

shang shēng yǒu dào gōu　yí dàn hǎi dǎn de cì jìn rù rén tǐ　biàn
上 生有倒钩。一旦海胆的刺进入人体,便

hěn nán jiāng qí qǔ chū tóng shí　dú yè fā huī zuò yòng　shǐ
很难将其取出,同时,毒液发挥作用,使

shāng zhě de shāng qíng jiā zhòng
伤者的伤情加重。

"育儿标兵"
海马

hǎi mǎ shǔ yú yìng gǔ yú lèi tā de tóu bù xiàng mǎ wěi ba
海马属于硬骨鱼类，它的头部像马，尾巴

xiàng hóu yǎn jing xiàng biàn sè lóng hái yǒu yí gè cháng bí zi shēn
像猴，眼睛像变色龙，还有一个长鼻子，身

tǐ xiàng yǒu léng yǒu jiǎo de mù diāo qí tā de yú lèi dōu shì héng zhe
体像有棱有角的木雕。其他的鱼类都是横着

yóu de zhǐ yǒu hǎi mǎ zài hǎi zhōng shù zhí shēn tǐ qián xíng de
游的，只有海马在海中竖直身体前行的。

hǎi mǎ yòu míng lóng luò zǐ shì zhēn guì de yào cái yǒu jiàn
海马又名龙落子，是珍贵的药材，有健

shēn cuī chǎn xiāo tòng qiáng xīn sàn jié xiāo zhǒng shū jīn huó
身、催产、消痛、强心、散结、消肿、舒筋活

luò zhǐ ké píng chuǎn de gōng xiào zì gǔ yǐ lái jiù yǒu běi fāng
络、止咳平喘的功效，自古以来就有"北方

rén shēn nán fāng hǎi mǎ de shuō fǎ tā jù yǒu qiáng shēn jiàn tǐ
人参，南方海马"的说法。它具有强身健体、

bǔ shèn zhuàng yáng shū jīn huó luò
补肾壮阳、舒筋活络、

xiāo yán zhǐ tòng zhèn jìng ān shén
消炎止痛、镇静安神、

zhǐ ké píng chuǎn děng yào yòng gōng
止咳平喘 等药用功

迷你档案馆

英文名:Seahorse
中文名:海马
科　属:海龙目海马属
分布地:热带海域、
中国沿海

néng，对于治疗神经系统的疾病
gèng wéi yǒu xiào　zì gǔ yǐ lái bèi shòu rén men
更为有效，自古以来备受人们
de qīng lài　hǎi mǎ chú le zhǔ yào yòng yú zhì zào
的青睐。海马除了主要用于制造
gè zhǒng hé chéng yào pǐn wài　hái kě yǐ zhí jiē
各种合成药品外，还可以直接
fú yòng jiàn tǐ zhì bìng　yīn cǐ hǎi mǎ guó nèi wài
服用健体治病，因此海马国内外
shì chǎng xū qiú liàng hěn dà　jù jiè shào　jǐn
市场需求量很大。据介绍，仅
zhōng guó nèi dì　xiāng gǎng hé tái wān dì qū yǐ
中国内地、香港和台湾地区以
jí xīn jiā pō měi nián xiāo shòu de hǎi mǎ jiù dá
及新加坡每年销售的海马就达
wàn zhǐ zuǒ yòu
1 600万只左右。

海马的种类有小海马、褐海马、大海马和中型怀特海马。

hǎi mǎ hái yǒu yí gè fēi cháng yǒu qù de xí xìng　fǔ yù yòu yú de rèn wu shì yóu
海马还有一个非常有趣的习性，抚育幼鱼的任务是由

hǎi mǎ bà ba wán chéng de　měi nián de　yuè
海马爸爸完成的。每年的5月—
yuè shì hǎi mǎ de fán zhí qī　zhè qī jiān hǎi mǎ
8月是海马的繁殖期，这期间海马
mā ma bǎ luǎn chǎn zài hǎi mǎ bà ba fù bù de
妈妈把卵产在海马爸爸腹部的
yù ér dài zhōng　jīng guò　tiān　tiān de fū
育儿袋中，经过50天—60天的孵
huà　yòu yú jiù huì cóng hǎi mǎ bà ba de yù ér
化，幼鱼就会从海马爸爸的育儿
dài zhōng pá chū　suǒ yǐ hǎi mǎ yòu bèi chēng wéi
袋中爬出，所以海马又被称为
yù ér biāo bīng
"育儿标兵"。

海马的近亲——海龙

hǎi lóng shì hǎi mǎ de jìn qīn yòu míng yáng zhī yú tā hé hǎi mǎ tóng shǔ yú yú
海龙是海马的近亲，又名杨枝鱼，它和海马同属于鱼

lèi yě hé hǎi mǎ yí yàng kào bèi qí yóu dòng qián jìn hǎi lóng shēn tǐ biǎo miàn bāo wéi
类，也和海马一样靠背鳍游动前进。海龙身体表面包围

zhe yì céng jiǎ gǔ zhè qǐ dào le shí fēn zhòng yào de bǎo hù zuò yòng shēn tǐ xì cháng
着一层甲骨，这起到了十分重要的保护作用。身体细长

de hǎi lóng jù yǒu yì jié jié lǜ hè sè de tiáo wén tā men tōng cháng cáng zài shí fēn
的海龙，具有一节节绿褐色的条纹，它们通常藏在十分

隐蔽的海藻丛中，以直立的姿势游泳，这点和海马一样，看上去像是海藻的茎干。奇特的外形是海龙最佳的伪装。

海龙的视力很好，以微小的小虾及海蚤为生，由于它没有牙齿，所以当它看到食物时是整个吸进嘴里的。海龙的习性及繁殖情况均与海马相似。雌海龙将卵产在雄海龙的尾部，然后就离开了，由雄海龙负责孵化幼鱼。小海龙一经孵化，就能游泳，它们必须自己寻找食物独立生活，因为海龙爸爸不担负照看小海龙的义务。小海龙要经过两年的生长才能成年。

海龙还是一种珍贵的药材，药效同海马相似。广泛分布于我国南海、日本、菲律宾、印度洋、非洲东岸及澳洲各海中。

迷你档案馆

英文名：Syngnathus
中文名：海龙
类　别：鱼类
科　属：海龙目
分布地：热带海域，中国沿海

会使障眼法的章鱼

zhāng yú yòu chēng wàng cháo shì tóu shang shēng yǒu tiáo wàn de ruǎn tǐ dòng
章鱼又称"望潮",是头上生有8条腕的软体动

wù gù tōng chēng bā zhuǎ yú tā men duō qī xī yú qiǎn hǎi shā lì huò ruǎn ní dǐ yǐ
物,故通称"八爪鱼"。它们多栖息于浅海沙砾或软泥底以

jí yán jiāo chù zhāng yú de dà nǎo shén jīng xì tǒng fā dá bìng qiě yǒu zhe jí qiáng de jì
及岩礁处。章鱼的大脑神经系统发达,并且有着极强的记

yì lì suǒ yǐ tā cháng bèi shì wéi zuì cōng míng de wú jǐ zhuī dòng wù
忆力。所以它常被视为最聪明的无脊椎动物。

zhāng yú kě yǐ yùn yòng zhàng yǎn fǎ xùn sù táo shēng yīn wèi zhāng yú de shén
章鱼可以运用"障眼法"迅速逃生。因为章鱼的神

jīng xì tǒng kě yǐ duì pí fū shang de yán sè xì bāo jìn xíng yǒu xiào kòng zhì dāng shòu dào
经系统可以对皮肤上的颜色细胞进行有效控制。当受到

wài jiè cì jī shí yán sè xì bāo biàn huì pái liè dào biǎo pí dùn shí chéng xiàn chū bù tóng
外界刺激时,颜色细胞便会排列到表皮,顿时呈现出不同

章鱼有8个腕足，腕足上有许多吸盘；有时还会喷出黑色的墨汁，帮助其逃跑。

迷你档案馆

英文名：Octopus
中文名：章鱼
类　别：软体动物
科　属：章鱼属
分布地：浅海沙砾或软泥底及岩礁处

de yán sè yǒu shí yán sè biàn huàn huǎn màn yǒu shí huì
的颜色。有时颜色变换缓慢，有时会

shùn jiān biàn sè zhè zhǒng yán sè biàn huà kě yǐ shǐ tā yǔ
瞬间变色，这种颜色变化可以使它与

zhōu wéi huán jìng xiāng róng yǐ qī piàn dí shǒu jí shí bǎo hù zì jǐ
周围环境相融，以欺骗敌手，及时保护自己。

zhāng yú hái kě yǐ kào tǐ nèi de mò zhī xiàn hé yè
章鱼还可以靠体内的墨汁腺和液

náng táo bì dí hài mò zhī xiàn yǔ yè náng tóng xiāo huà xì
囊逃避敌害。墨汁腺与液囊同消化系

tǒng xiāng lián dāng wēi xiǎn lín jìn shí zhāng yú biàn jiāng yè
统相连。当危险临近时，章鱼便将液

náng zhōng de mò zhī tōng guò gāng mén pēn chū lái yòng yān mù
囊中的墨汁通过肛门喷出来，用烟幕

lái mí huò dí shǒu
来迷惑敌手。

27

水
乌贼 中的烟雾高手——
乌贼

乌贼又叫墨鱼，是软体动物大家族中的一员。乌贼生活在海洋中的温暖区域，游泳速度很快，最高时速可达150千米。主要以甲壳类为食，也捕食鱼类及其他软体动物。

乌贼行动迅速，当遇到敌害时能很快逃走。乌贼还有一种特殊的避敌本领，它能通过调整体内色素囊的大小来改变自身的颜色，以便适应环境，逃避敌害。乌贼的体内有一个墨囊，里面有浓黑的墨汁，在遇到敌害时迅速喷出，将周围的海水染黑，掩护自己逃生。这与章鱼逃生的本领极其相似。

乌贼，本名为乌鲗，又称花枝、墨斗鱼或墨鱼，现代的乌贼出现于2 100万年前的中新世，祖先为箭石类生物。

迷你档案馆

英文名:Sepioidea
中文名:乌贼
类 别:软体动物
科 属:乌贼目
分布地:世界各大洋

乌贼是头足类中最为杰出的放烟幕专家。

wū zéi de yǎn bù gòu zào hé jǐ zhuī dòng wù shí fēn xiāng sì wū zéi yǒu yí duì píng
乌贼的眼部构造和脊椎动物十分相似，乌贼有一对平

héng náng wèi yú tóu ruǎn gǔ nèi jiè yú zú shén jīng hé zàng shén jīng jié zhī jiān wū zéi
衡囊，位于头软骨内，介于足神经和脏神经节之间。乌贼

de shēn tǐ kě fēn wéi tóu zú hé qū gàn sān gè bù fen qū gàn xiāng dāng yú nèi zàng
的身体可分为头、足和躯干三个部分，躯干相当于内脏

tuán wài yǒu jī ròu xìng tào mó jù shí huī zhì nèi ké wū zéi de fù miàn liǎng cè gè yǒu
团，外有肌肉性套膜，具石灰质内壳。乌贼的腹面两侧各有

yí gè tuǒ yuán xíng de ruǎn gǔ āo xiàn bèi chēng wéi bì suǒ cáo kě kòng zhì wài tào mó kǒng
一个椭圆形的软骨凹陷，被称为闭锁槽，可控制外套膜孔

de kāi bì dāng bì suǒ qì kāi qǐ jī ròu xìng tào mó kuò zhāng hǎi shuǐ jiù huì cóng tào mó
的开闭。当闭锁器开启，肌肉性套膜扩张，海水就会从套膜

kǒng liú rù wài tào qiāng bì suǒ qì kòu jǐn tào mó jiù huì shōu suō pò shǐ shuǐ cóng lòu dǒu
孔流入外套腔；闭锁器扣紧，套膜就会收缩，迫使水从漏斗

zhuàng de shuǐ guǎn pēn chū zhè biàn xíng chéng le wū zéi yùn dòng de dòng lì
状的水管喷出。这便形成了乌贼运动的动力。

与海葵共舞的小丑鱼

小丑鱼是一种热带咸水鱼。因为脸上都有一条或两条白色条纹，好似京剧中的丑角，所以俗称"小丑鱼"。

小丑鱼喜欢群居生活，一般是几十条小丑鱼组成一个大家族，家族中也有长幼之分、尊卑之别。可爱的小丑鱼间十分团结，它们互助互爱，如果有小丑鱼受了伤，家族成员会一同照顾它。

小丑鱼艳丽的体色常给它带来杀身之祸。小丑鱼较温顺、没有防御能力，每当它们受到追击的时候就会转身藏在海葵之中，利用海葵能够分泌毒液的触手赶走敌害。而小丑鱼身体表面拥有特殊的体表黏液，能保护它不受海葵

迷你档案馆

英文名：Clown Fish
中文名：小丑鱼
科　属：雀鲷科海葵鱼亚科
分布地：印度－太平洋、红海、北至日本南部，南至澳洲悉尼

_{de yǐng xiǎng ér ān quán zì zài de shēng huó yú qí jiān   dāng rán   xiǎo chǒu yú yě huì wèi hǎi}

的影响而安全自在地生活于其间。当然，小丑鱼也会为海

_{kuí yǐn lái shí wù   suǒ yǐ xiǎo chǒu yú hé hǎi kuí shì hǎi yáng zhōng de yí duì hù huì hù lì de}

葵引来食物，所以小丑鱼和海葵是海洋中的一对互惠互利的

_{péng you   tā men yǒu de dú qī yú yì zhī hǎi kuí zhōng   yǒu de shì yí gè jiā zú gòng qī qí}

朋友。它们有的独栖于一只海葵中，有的是一个家族共栖其

_{zhōng   yǐ hǎi kuí wéi jī dì   zài zhōu wéi mì shí   yí yù xiǎn qíng jiù lì   jí duǒ jìn hǎi kuí chù}

中，以海葵为基地，在周围觅食，一遇险情就立即躲进海葵触

_{shǒu jiān xún qiú bǎo hù}

手间寻求保护。

海中流浪者——翻车鱼

翻车鱼生活在大洋的中表层，它们的长相奇特，身体短短的、扁扁的，头很小，没有腹鳍，背鳍和臀鳍呈尖刀形，尾鳍退化，没有尾巴，后半截身体好像被人用刀切去一样。翻车鱼背部呈灰褐色，两侧为灰银色，腹部为白色，没有鳞片。

翻车鱼个头很大，最大的长3米～5米，体重一般在1 500千克～3 500千克，是海洋中最重的硬骨鱼。天气较好时，翻车鱼会将背鳍露出水面，边顺水漂流边休息，所以又叫"太阳鱼"；天气不好时，它会侧过身子平浮于水

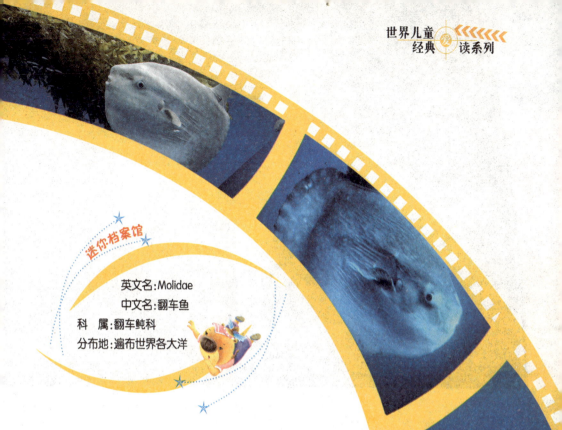

miàn　yòng bèi qí hé tún qí huá shuǐ bìng kòng zhì fāng xiàng　hái kě
面，用背鳍和臀鳍划水并控制方向，还可

yòng bèi qí zài hǎi zhōng fān gēn tou　qián rù hǎi dǐ
用背鳍在海中翻跟头，潜入海底。

rú cǐ xiāo jí de fān chē yú jiù xiàng hǎi yáng zhōng de liú
如此消极的翻车鱼就像海洋中的流

làng zhě　tā yě yīn cǐ cháng cháng chéng wéi hǎi yáng zhōng qí
浪者，它也因此常常成为海洋中其

tā yú lèi hǎi shòu de shí wù　dàn yīn wèi fān chē yú jù yǒu
他鱼类、海兽的食物。但因为翻车鱼具有

qiáng dà de fán zhí néng lì　suǒ yǐ méi yǒu yīn cǐ ér miè jué
强大的繁殖能力，所以没有因此而灭绝。

fān chē yú yí cì kě chǎn luǎn　yì gè　shì shì jiè shang chǎn
翻车鱼一次可产卵3亿个，是世界上产

luǎn zuì duō de yú lèi　yì bān yú lèi chǎn luǎn liàng shì jǐ bǎi
卵最多的鱼类，一般鱼类产卵量是几百

wàn lì
万粒。

性格急躁的箭鱼

jiàn yú de xìng gé jí zào　mǎng zhuàng shì zhòng suǒ zhōu zhī de　qí yóu yǒng néng
箭鱼的性格急躁、莽 撞 是 众 所 周 知 的,其游泳能

lì jí qiáng　sù dù yě jí kuài　shì yóu yǒng sù dù zuì kuài de yú lèi zhī yī
力极强,速度也极快,是游泳速度最快的鱼类之一。

zài dì èr cì shì jiè dà zhàn jí jiāng jié shù shí　céng jīng yǒu yì tiáo jiàn yú lǔ mǎng
在第二次世界大战即将结束时,曾经有一条箭鱼鲁莽

de zhuàng jī le yì sōu yīng guó lún chuán　zhí dào xiàn zài　nà kuài bèi jiàn yú jī chuān de
地撞击了一艘英国轮船。直到现在,那块被箭鱼击穿的

bàn mǐ hòu de chuán bǎn yī rán chén liè zài yīng guó de zì rán lì shǐ bó wù guǎn lǐ
半米厚的船板依然陈列在英国的自然历史博物馆里。

科学研究发现，一般箭鱼体重都可以达到半吨，在它和物体发生撞击的一瞬间，它的前进速度最高可以达到120千米/时，这样就会产生巨大的攻击力。也许会有人对箭鱼撞船却不受伤产生质疑，箭鱼在撞船时是怎样避免自我受到伤害的呢？

迷你档案馆

英文名:Sword-fish
中文名:箭鱼
科　属:鲈形目箭鱼科
分布地:印度洋、大西洋和太平洋,大西洋西部的美洲岸

原来箭鱼的肌肉长得非常结实，而且脊椎间还长有一个软骨悬垫，这个软骨悬垫在箭鱼和外物冲撞时，起到了避震和缓冲的作用。箭鱼的"箭"的基部骨骼结构呈蜂窝状，每个蜂窝孔都填充着油液，就像是一个多孔的冲击消除器。箭鱼的头盖骨结构也很紧密，与"箭"的基部形成一个整体。正是这一特殊构造，使得箭鱼在撞船时能避免自我受到伤害。

"永不分离"的琵琶鱼

pí pá yú shēng huó zài nán tài píng yáng hǎi yù　rén men jīng qí de fā xiàn　pí pá yú jìng
琵琶鱼生活在南太平洋海域，人们惊奇地发现，琵琶鱼竟

rán méi yǒu yì tiáo xióng yú　quán bù wéi cí xìng　zhè biàn ràng rén chǎn shēng le yí huò　pí pá
然没有一条雄鱼，全部为雌性。这便让人产生了疑惑，琵琶

yú jiū jìng shì zěn yàng fán yǎn hòu dài de ne　yuán lái zhè zhǒng gè tóu wēi xiǎo de yú yǒu zhe qí
鱼究竟是怎样繁衍后代的呢？原来这种个头微小的鱼有着奇

tè de nèi bù gòu zào　cí xióng pí pá yú jìng rán shì yì tǐ de
特的内部构造，雌雄琵琶鱼竟然是一体的。

zài cí pí pá yú shēn tǐ de yí cè zhǎng yǒu yí gè bù qǐ yǎn de xiǎo liú　ér zhè ge
在雌琵琶鱼身体的一侧长有一个不起眼的小瘤，而这个

tū qǐ de xiǎo liú jiù shì xióng pí pá yú de jū suǒ　tā men zhǐ yǒu jì shēng zài cí yú shēn
凸起的小瘤就是雄琵琶鱼的居所。它们只有寄生在雌鱼身

shang cái néng bǎo zhèng shēng cún nǎi zhì fán yǎn hòu
上才能保证生存乃至繁衍后

dài　yuán lái　gè tóu wēi xiǎo de pí pá yú zài hēi àn
代。原来，个头微小的琵琶鱼在黑暗

de shēn hǎi zhōng wú fǎ dān chún yī kào yǎn jīng xún zhǎo
的深海中无法单纯依靠眼睛寻找

dào hé shì de pèi ǒu　yīn ér zhè zhǒng zì rán xuǎn zé
到合适的配偶，因而这种自然选择

de jié guǒ pò shǐ tā men bì xū yǐ　fū qī tóng tǐ
的结果迫使它们必须以"夫妻同体"

de fāng shì shēng cún xia lai
的方式生存下来。

gāng gāng cóng shòu jīng luǎn li fū chu lai de
刚刚从受精卵里孵出来的

迷你档案馆

英文名：Plecostomus
　　　　Punctatus

中文名：琵琶鱼

特征：雌雄同体

分布地：拉丁美洲

xióng yú huì yī kào zì jǐ mǐn ruì de xiù jiào qì guān sì chù xún mì cí yú rú guǒ zhǎo dào
雄鱼，会依靠自己敏锐的嗅觉器官四处寻觅雌鱼，如果找到

le tā men jiù huì lì jí bǎ yá chǐ qiàn dào cí yú de shēn tǐ lǐ yǔ cí yú de xún huán xì
了，它们就会立即把牙齿嵌到雌鱼的身体里，与雌鱼的循环系

tǒng hé èr wéi yī èr zhě yǒng yuǎn de xiāng yī xiāng bàn xióng yú jì shēng zài cí yú shēn
统合二为一，二者永远地"相依相伴"。雄鱼寄生在雌鱼身

shang hòu tā de dà bù fen qì guān zhōng zhǐ yǒu shēng zhí qì guān zài jì xù fā yù zhí zhì
上后，它的大部分器官中只有生殖器官在继续发育直至

chéng shóu ér qí tā qì guān zé tíng zhǐ shēng zhǎng zài zhè yàng de shēng cún tiáo jiàn xià cí
成熟，而其他器官则停止生长。在这样的生存条件下，雌

xióng hé tǐ de pí pá yú jiù kě yǐ bǎo zhèng fán yǎn hòu dài de rèn wu shùn lì wán chéng
雄合体的琵琶鱼就可以保证繁衍后代的任务顺利完成。

「身扛大旗」的旗鱼

旗鱼的身体呈月牙形，有一条又长又大的背鳍，上面有黑色斑点，就像迎风扯起的大旗，因而得名旗鱼。旗鱼是水中游得最快的鱼。旗鱼体形又扁又长，体长一般在3米左右，表皮呈青褐色，上面有灰白色的圆斑，体重为60千克左右。

旗鱼生活在热带和亚热带大洋的上层，这个地方的水流速度很快，如果鱼游泳的速度不快，就可能被冲走，久而久之，旗鱼的游泳速度也越来越快，短距离时速可达110

千米，3秒可游九十多米远，是一般鱼类的2倍，是轮船速度的4倍～5倍。

它的嘴巴长而尖，可以很快把水往两旁分开，身体呈流线型，游泳时放下背鳍，减少水的阻力。旗鱼活动范围很广，有时把背鳍和尾鳍露出海面，有时却潜入800米深的海底。

旗鱼性情凶猛，极具攻击力，尖锐的长嘴像一把锯子，曾有船只被旗鱼的"锯子"锯成两截。

"海中飞行家"——飞鱼

飞鱼的外形又细又长，而且呈扁状，它之所以能够飞翔，则要归功于它发达的胸鳍。

飞鱼主要以海中微小的浮游生物为食。飞鱼的长相奇特，胸鳍发达，像鸟类的翅膀一样。长长的胸鳍一直延伸到尾部，整个身体如织布的长梭，在海面跃起时，展现出一种轻盈的姿态。飞鱼的体态优美，在海中可以高速运动，速度可达100米/秒。其背部呈蓝色，与海水颜色

飞鱼的胸鳍颜色各异，有暗黄色或淡黄色斑点，有的具有黄、白色条纹。

飞鱼的吻短钝，两颌具细齿，鼻孔较大且位于眼前。

相近，当它在海水表面活动时，颇似一架掠浪而过的小飞机。

飞鱼能够练就神奇的飞翔本领是有原因的。原来，飞鱼的视力很差，所以在大海中觅食艰难，为求得生存，飞鱼要适应这种残酷的环境，于是练就了飞翔的本领。它只能飞起来，以水面的昆虫为食。同时，又使自己避开了大鱼的追逐，免遭天敌的攻击。

世界儿童经典阅读系列

迷你档案馆

英文名：Flying Fish
中文名：飞鱼
科　属：飞鱼科
分布地：热带和亚热带海域、中国沿海

其实，从生物学的角度讲，飞鱼的动作并不是真正的飞行，而只是滑翔。每当它准备离开水面时，必须在水中快速游动，然后用自己的尾部用力拍水，整个身体好像离弦的箭一样向空中射出，飞腾跃出水面后，展开又长又亮的胸鳍与腹鳍快速向前滑翔。可以说，尾鳍才是飞鱼"飞行"的真正"发动器"。

海中智叟——海豚

海豚是海洋中最聪明的动物,被誉为"海中智叟"。

它们喜欢和同伴们一起生活在温暖的海洋中。海豚广泛分布于各海洋中。在人类遇到危险时,海豚会毫不犹豫地伸出援助之手,因此,它们是人类心中的精灵。

海豚喜欢过"集体"生活。海豚是一种本领超群、聪明伶俐的海洋哺乳动物,经过训练,能顶圆球、跳火圈等。除人类外,海豚的大脑是动物中最发达的。人的大脑占自身体重的2.1%,海豚的大脑占它体重的1.7%。

海豚有一种非常特别的"超能力",当它们睡觉时,可以两个大脑半球轮流休息。当左侧的大脑半球

迷你档案馆

英文名:Dolphin
中文名:海豚
类　别:哺乳类
分布地:太平洋、印度洋、大西洋、热带海域沿岸

chù yú yì zhì zhuàng tài shí   yòu cè de dà nǎo bàn qiú què chù yú xìng fèn zhuàng tài   jiān gé yuē

处于抑制 状 态时,右侧的大脑半球却处于兴奋 状 态,间隔约

shí fēn zhōng jiāo tì yí cì   zhè yàng hǎi tún néng yì biān yóu yǒng yì biān shuì jiào suǒ yǐ tā men

十分 钟 交替一次。这样海豚能一边游泳一边睡觉,所以它们

kě yǐ zhōng rì bó jī fēng làng ér bú huì gǎn dào pí fá

可以 终 日搏击风浪,而不会感到疲乏。

　　hǎi tún kào huí shēng dìng wèi lái pàn duàn mù biāo de yuǎn jìn fāng xiàng wèi zhì xíng

　　海豚靠回 声 定位来判断目标的远近、方 向、位置、形

zhuàng shèn zhì wù tǐ xìng zhì   yǒu rén céng jiāng hǎi tún de yǎn jing méng shàng bǎ shuǐ jiǎo hún

状 ,甚至物体性质。有人曾 将海豚的眼睛 蒙 上 ,把水搅浑,

tā men yě néng xùn sù   zhǔn què de zhuī dào rén men rēng gěi tā men de shí wù

它们也能迅速、准确地追到人们扔给它们的食物。

海
洋杀手——鲨鱼

鲨鱼是海洋中最凶猛的动物，是大海里的真正霸主。它不仅有强壮的身体，还有很多过人的本领，游泳是其最擅长的技能，人们都亲切地把鲨鱼称作"大海中的超级水手"，可见它是很厉害的！

在浩瀚的海洋里，被称为"海中霸主"的鲨鱼遍布世界各大洋。鲨鱼的种类繁多，世界海洋中有三百五十多种，在中国就有七十多种。大部分鲨鱼对人类有利而无害，鲨鱼的确有吃人的恶名，但并非所有的鲨鱼都吃

大白鲨是海洋中体形最大的食肉类鲨鱼。

鲨鱼游泳时主要是靠身体，像蛇一样地运动并配合橹一样的尾鳍摆动向前推进。

rén, shì jiè shang zhǐ yǒu sān shí duō zhǒng shā yú huì wú gù
人，世界上只有三十多种鲨鱼会无故

xí jī rén lèi hé chuán zhī
袭击人类和船只。

shā yú, zài gǔ dài jiào zuò jiāo, jiāo shā, shì hǎi yáng
鲨鱼，在古代叫做鲛、鲛鲨，是海洋

zhōng de páng rán dà wù, suǒ yǐ hào chēng "hǎi zhōng
中的庞然大物，所以号称"海中

láng". shā yú shí ròu chéng xìng, xiōng měng yì cháng, lián jīng jiàn le tā dōu yào tuì bì sān shè
狼"。鲨鱼食肉成性，凶猛异常，连鲸见了它都要退避三舍。

tā nà shí ròu shí de tān lán, xiōng cán mú yàng, gěi rén men liú xià le kě pà de yìn xiàng. yīn
它那食肉时的贪婪、凶残模样，给人们留下了可怕的印象。因

cǐ, yì tí qǐ shā yú, rén men wǎng wǎng huì yǒu tán hǔ sè biàn zhī gǎn. shā yú bǔ zhuō shí wù
此，一提起鲨鱼，人们往往会有谈虎色变之感。鲨鱼捕捉食物

bǐ lǎo hǔ gèng shèng yì chóu, tā kě chōng fēn lì yòng zì jǐ dú tè de xiù jué, tàn cè shí wù
比老虎更胜一筹，它可充分利用自己独特的嗅觉，探测食物

cún zài de fāng xiàng hé wèi zhì, ér lǎo hǔ zhǐ shì yòng yǎn jing hé bí zi xún zhǎo shí wù
存在的方向和位置，而老虎只是用眼睛和鼻子寻找食物。

迷你档案馆

英文名：Shark
中文名：鲨鱼
类　别：鱼类
寿　命：70年—100年
分布地：世界各大洋及温带区

海底巨人——鲸

鲸的外表看起来像鱼，但它们并不是鱼，而是胎生的哺乳动物，是世界上存在的哺乳动物中体形最大的，可谓是"海底巨人"。鲸是温血动物，表皮下有厚厚的脂肪层，能够保持体温。为了适应水中的生活，鲸的后脚已经完全退化，前脚则进化成鳍肢，所以鲸已经不能适应陆地

shēng huó le　jīng yòng fèi hū xī　yòng rǔ zhī bǔ yù
生 活 了。鲸 用 肺 呼 吸，用 乳 汁 哺 育

zì jǐ de hòu dài　cí jīng shì yí wèi jìn zhí jìn zé de
自 己 的 后 代，雌 鲸 是 一 位 尽 职 尽 责 的

hǎo　mā ma
好"妈 妈"。

dà xíng jīng qún huì yīn shè shí hé fán zhí ér jìn xíng
大 型 鲸 群 会 因 摄 食 和 繁 殖 而 进 行

qiān xǐ　tā men xià jì dāi zài shí wù fēng fù de liǎng
迁 徙，它 们 夏 季 待 在 食 物 丰 富 的 两

jí dì qū　dōng jì biàn qiān jū dào rè dài hǎi yáng bì
极 地 区，冬 季 便 迁 居 到 热 带 海 洋 避

hán hé fán zhí　yǒu xiē jīng zài měi nián tè dìng de shí jiān
寒 和 繁 殖。有 些 鲸 在 每 年 特 定 的 时 间

nèi qiān xǐ　yǒu xiē zé gēn jù dāng dì huán jìng lái jué dìng shì
内 迁 徙；有 些 则 根 据 当 地 环 境 来 决 定 是

fǒu xū yào qiān xǐ　yǒu xiē jǐn jǐn zài shēng huó de hǎi yù huò fù
否 需 要 迁 徙；有 些 仅 仅 在 生 活 的 海 域 或 附

jìn huí yóu
近 洄 游。

jīng shì xǐ huan qún jū de dòng wù　yǒu xiē zú qún de
鲸 是 喜 欢 群 居 的 动 物，有 些 族 群 的

shù mù duō dá shù qiān tóu　qún jù yī zhǒng lèi　shí jiān huò
数 目 多 达 数 千 头，群 聚 依 种 类、时 间 或

zhù chù de bù tóng ér dǎo zhì shù mù shang de chā yì　jīng yǔ
住 处 的 不 同 而 导 致 数 目 上 的 差 异。鲸 与

tóng bàn men de lián xì xiāng dāng mì qiè　cháng cháng bìng jiān
同 伴 们 的 联 系 相 当 密 切，常 常 并 肩

zuò zhàn　qí xīn hé lì wéi bǔ liè wù　tā men shì yí gè tuán
作 战，齐 心 合 力 围 捕 猎 物，它 们 是 一 个 团

jié de jí tǐ
结 的 集 体。

迷你档案馆

英文名：Sperm Whale
中文名：抹香鲸
类　别：哺乳类
科　属：鲸目齿鲸亚目
分布地：热带亚热带温暖
海域

深海美人鱼——儒艮

儒艮因生活在海藻丛中，远远看去，好像是披着一头长发的女性，因而又有"美人鱼"之称。

儒艮生活在浅海及河口，少数种类栖息在河流中。儒艮生性胆小，受到一点儿惊吓就会立即逃避，从不远离海岸。

它是海洋中唯一的植食性哺乳动物，它每天的食草量很大，能吃掉相当于自身体重5%~10%的水草。儒艮的体形很大，呈纺锤状。它的皮肤呈暗灰色，腹部颜色较背部浅，体表毛发稀疏。儒艮的头很大，头与身体的比例是海洋动物中最大的。儒艮的头部和背部皮肤坚硬而厚实，它的气孔在头部顶端，平均每15分钟换一次气。儒艮尾部形状与海豚

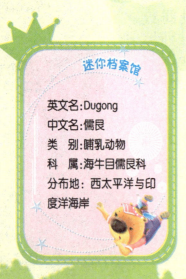

迷你档案馆

英文名：Dugong
中文名：儒艮
类　别：哺乳动物
科　属：海牛目儒艮科
分布地：西太平洋与印度洋海岸

wěi bù shí fēn xiāng sì
尾部十分相似。

　　rú gèn xíng dòng huǎn màn　xìng qíng wēn shùn　tā de shì lì hěn chà　dàn tīng jué líng mǐn
　　儒艮行动缓慢，性情温顺，它的视力很差，但听觉灵敏。

rú gèn jǐn shè shí hǎi chuáng dǐ bù shēng zhǎng de zhí wù　yǐ duō zhǒng hǎi shēng zhí wù de
儒艮仅摄食海床底部生长的植物，以多种海生植物的

gēn jīng　yè yǔ bù fen zǎo lèi děng wéi shí　cháng huì chī diào zhěng zhū zhí wù　bǎo shí hòu chú
根、茎、叶与部分藻类等为食，常会吃掉整株植物。饱食后除

bù shí chū shuǐ huàn qì wài　xǐ huan qián rù　mǐ　mǐ shēn de hǎi dǐ　fú yú yán jiāo děng
不时出水换气外，喜欢潜入30米~40米深的海底，伏于岩礁等

chù xiū xi
处休息。

可
爱的海豹

hǎi bào shì bǔ rǔ dòng wù　tā men hé lù dì shang de bào zi
海豹是哺乳动物，它们和陆地上的豹子

shì qīn qi　què bù néng xiàng bào zi pǎo de nà me kuài　yīn wèi hǎi bào
是亲戚，却不能像豹子跑得那么快。因为海豹

zhǎng le yì shuāng lèi sì yú yú qí de jiǎo　suǒ yǐ zài lù dì shang
长了一双类似于鱼鳍的脚，所以在陆地上

pá xíng shí de sù dù fēi cháng huǎn màn
爬行时的速度非常缓慢。

hǎi bào zuì xǐ huan chī de shí wù shì yú lèi　yóu qí shì nà xiē
海豹最喜欢吃的食物是鱼类，尤其是那些

rén lèi bù xǐ huan shí yòng de yú lèi　hái yǒu jǐ zhǒng hǎi bào xǐ
人类不喜欢食用的鱼类。还有几种海豹喜

huan bǔ shí lín xiā　hǎi bào biǎo miàn shang kàn hǎo xiàng bèn bèn de
欢捕食磷虾。海豹表面上看好像笨笨的，

dàn hǎi bào zài bǔ liè shí kě shì gāo shǒu　jí shǐ zài bīng lěng qī hēi
但海豹在捕猎时可是高手。即使在冰冷漆黑

de shuǐ li　hǎi bào yě néng bǔ liè　yīn wèi zhǎng zài tā men liǎn
的水里，海豹也能捕猎。因为长在它们脸

shang de xū kě yǐ gēn jù shēn biān shuǐ yā de biàn huà gū cè dào shuǐ
上的须可以根据身边水压的变化估测到水

zhōng dòng wù de fāng wèi　suǒ yǐ jí shǐ méng shàng yǎn jing de hǎi
中动物的方位，所以即使蒙上眼睛的海

bào yě néng liè shí
豹也能猎食。

hǎi bào shì qí zú lèi zhōng fēn bù
海豹是鳍足类中分布

fàn wéi zuì guǎng de yí lèi dòng wù　qí
范围最广的一类动物,其

zhōng nán jí hǎi bào shù liàng zuì duō　hǎi
中南极海豹数量最多。海

bào shì qí zú lèi zhōng de yí gè dà
豹是鳍足类中的一个大

jiā zú　quán shì jiè gòng yǒu　zhǒng
家族,全世界共有19种。

qí zhōng yǒu bí zi néng péng zhàng de
其中有鼻子能膨胀的

海豹大部分时间都栖息在海中,只有脱毛、繁殖时才到陆地或冰块上生活。

xiàng hǎi bào　tóu xíng sì hé shang de sēng hǎi bào　shēn pī bái sè dài wén de dài wén hǎi
象海豹;头形似和尚的僧海豹;身披白色带纹的带纹海

bào　tǐ sè bān bó de bān hǎi bào　xióng shòu tóu shang jù yǒu jī guān zhuàng hēi pí náng de
豹;体色斑驳的斑海豹;雄兽头上具有鸡冠状黑皮囊的

guàn hǎi bào
冠海豹。

zài hǎi yáng gōng yuán de hǎi bào chí zhōng　hǎi bào zhěng rì yóu yǒng xì shuǐ　huó
在海洋公园的海豹池中,海豹整日游泳戏水、活

pō hào dòng　tā de shēn tǐ hún yuán　pí xià
泼好动,它的身体浑圆,皮下

zhī fáng hěn hòu　pàng hū hū de rě rén xǐ
脂肪很厚,胖乎乎的惹人喜

ài　hǎi bào xǐ huan pá dào jiāo shí shang　zhè
爱。海豹喜欢爬到礁石上,这

shí tā men de dòng zuò jiù xiǎn de gé wài bèn
时它们的动作就显得格外笨

zhuó　yīn cǐ cháng yǐn de guān zhòng fā chū lǎng
拙,因此常引得观众发出朗

lǎng xiào shēng
朗笑声。

迷你档案馆

英文名:Seal
中文名:海豹
类　别:哺乳类
科　属:海豹科
分布地:温带和寒带沿海

憨态可掬的海象

海象是一种珍稀海洋动物，因其长有发达的犬齿，与象牙极为相似而得名。海象的体毛稀疏坚硬，眼睛很小。海象的体形庞大，雄海象的体重超过一吨，可以用鳍状肢在陆地上匍匐行走。海象是潜水能力高超的海兽，它们一般能够潜入深达90米的海底，在水中停留的时间约为二十分钟。

海象是游泳健将，在水中的表现比陆地上灵敏得多。为了适应海洋生活，海象还可以变换体色。

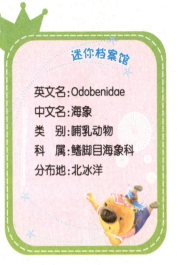

世界儿童经典爱读系列

迷你档案馆

英文名:Odobenidae
中文名:海象
类　别:哺乳动物
科　属:鳍脚目海象科
分布地:北冰洋

海象有厚厚的皮下脂肪,所以寒冷的极地环境并不会对它们产生威胁。海象的皮肤在陆地上呈棕红色,在水中则呈白色,这是因为在冰冷的水中,海象的血管收缩,血液从皮下脂肪层被挤出,只有这样才能使海象减少体内热量的流失,适应寒冷地区的生存环境。

海象的性情温和,虽然它们长着巨大的长牙,看上去极具威慑力,但实际上海象并不会无故与其他动物挑起战争。长长的獠牙并不是它们的有力武器,但是当海象攀登冰山或是与情敌决斗时,这副长牙便派上了用场。

头脑聪明的海狮

海狮颈部有较长的鬃毛，样子非常像雄狮，而且吼声震天。它们的四肢都呈较长的鳍状，很适于在水中游泳。海狮的后肢能向前弯曲，这使它们能够在陆地上更加灵活地行走。海狮生活在南极的海岛边，以磷虾为食。

繁殖季节到来时，雄海狮便在海滩上焦急地等待雌海狮的到来。雌海狮到来后，它们便含情脉脉地长时间对视，然后用脖子亲密地互相缠绕，并不时地接吻。经过缠绵的求爱后，它们便步入了圣洁的婚姻殿堂。

海狮的前肢强壮有力，可以把身体前部支撑起来；后肢则起到脚的作用，通过不断拍打地面推动身体前行，甚至有时还可以

kàn dào hǎi shī fèn lì huī dòng hòu zhī zài lù dì shang jí xíng
看到海狮奋力挥动后肢在陆地上疾行。

zài lù dì shang wǒ men kě yǐ hěn róng yì de jiāng hǎi shī hé hǎi bào qū bié chu lai zài
在陆地上我们可以很容易地将海狮和海豹区别出来。在

lù dì shang hǎi shī de hòu zhī néng gòu xiàng qián fān kě yǐ yòng lái xíng zǒu ér hǎi bào de
陆地上,海狮的后肢能够向前翻,可以用来行走。而海豹的

hòu zhī tài duǎn gēn běn pài bu shàng yòng chǎng cǐ wài hǎi shī yǒu wài ěr ér hǎi bào zé
后肢太短,根本派不上用场。此外,海狮有外耳,而海豹则

méi yǒu
没有。

南
极绅士——企鹅

qǐ é zhǔ yào fēn bù zài nán jí zhōu jí yǔ qí lín jìn de fēi
企鹅主要分布在南极洲及与其临近的非
zhōu nán měi zhōu hé dà yáng zhōu de nán duān shì jiè shang xiàn cún
洲、南美洲和大洋洲的南端。世界上现存
de qǐ é yuē yǒu shí bā zhǒng qǐ é shēn chuān yàn wěi fú jiù
的企鹅约有十八种,企鹅身穿"燕尾服",就
xiàng shēn shì yì bān
像绅士一般。

shēng huó zài bīng tiān xuě dì li de qǐ é wèi shén me bú pà lěng
生活在冰天雪地里的企鹅为什么不怕冷
ne yuán lái qǐ é shēn shang zhǎng zhe xì xiǎo ér fù yǒu yóu xìng de
呢?原来企鹅身上长着细小而富有油性的
yǔ máo pái liè jǐn mì xiàng lín piàn bān chóng chóng dié dié mì mì
羽毛,排列紧密,像鳞片般重重叠叠,密密
céng céng fù gài zhe zhěng gè shēn tǐ qǐ é pí xià hái yǒu hòu hòu
层层,覆盖着整个身体。企鹅皮下还有厚厚
de zhī fáng shǐ tā men néng gòu dǐ yù nán jí de yán hán
的脂肪,使它们能够抵御南极的严寒。

和鸵鸟一样,企鹅
是一群不会飞的鸟类,
是一种最古老的游禽。

迷你档案馆

英文名:Penguin
中文名:企鹅
类　别:鸟类
科　属:鸟纲企鹅目
分布地:南极洲

企鹅也是游泳健将。企鹅在快速游泳时，总要不时地越出水面呼吸新鲜空气，然后再钻入水中，快速行进。它们在水中游泳时，时速可超过30千米。

在企鹅妈妈产下蛋后，企鹅爸爸就将蛋放在脚上，然后伏在蛋上，用腹部下端的皮肤把蛋盖住。为了保持蛋的温度，企鹅爸爸连睡觉时都站着，而且不会去吃任何东西，靠消耗自身积累的脂肪维持生命，这种状态要持续两个月之久。企鹅爸爸是动物界中的模范爸爸。

北极王者——北极熊

北极熊寿命一般是三十多年，它是熊类动物中体形最大的，体重在150千克~500千克。北极熊全身长了一层浓密雪白的毛，因而它们在捕食的时候不易被猎物发现。北极熊厚厚的皮毛使它们能够抵御北极的严寒，它们的毛其实是透明的，由于反射太阳光，所以看起来是白色的，这种毛有助于吸收太阳光的能量进而转化为维持北极熊体温的能量。除了人类以外，北极熊几乎没有天敌，是真正的北极王者。

迷你档案馆

英文名：Polar Bear
中文名：北极熊
类　别：哺乳动物
科　属：哺乳纲棕熊属
分布地：北极地区

FEIXING DONGWU

飞行动物

鹰击长空,展鲲鹏之羽翱翔九天云霄,
鹤翔千里,现曼妙身姿舞动炫彩生命,
让我们开启一扇神奇的窗,
欣赏天空动物世界中别样的精彩。

丛林中的歌唱家——画眉

画眉是一种普遍性留鸟，它们常常穿梭于灌木丛林当中。画眉体长约二十四厘米，体重50克~75克。画眉的上体呈橄榄褐色，头部和上背具褐色轴纹，眼睛的上方有清晰的白色眉纹，一直向后延伸，呈蛾眉状，画眉的名称由此而来。

画眉的性情机敏胆怯，总是躲藏在人们看不到的地方。但有时也会立在树梢枝杈间鸣啭，引颈高歌。画眉的鸣声洪亮，音韵多变，婉转动听，还能仿效多种鸟鸣、兽叫和虫鸣声，甚至还会学人话、笛声等各种声音，不愧为"丛林中的歌唱家"。

画眉的歌声多种多样，如果

迷你档案馆

英文名：Hwa-Mei
中文名：画眉
科　属：雀形目鹟科画眉亚科
分布地：广泛分布

tā fā chū wā wā de jiào shēng　shì zài tí xǐng tóng lèi yǒu wēi xiǎn　fā chū gǔ gǔ de shēng yīn
它发出哇哇的叫声，是在提醒同类有危险；发出谷谷的声音，

bìng qiě wěi ba shàng xià bǎi dòng shì zài shuō　wǒ xiǎng yào gè nǚ hái　fā chū wū wū de shēng
并且尾巴上下摆动是在说"我想要个女孩"；发出呜呜的声

yīn bìng zhāng kāi shuāng chì jiào zhe　nà shì tā zài shuō　jiàn dào nǐ zhēn gāo xìng
音并张开双翅叫着，那是它在说"见到你真高兴"……

huà méi kē yǒu jiāng jìn yí bàn de zhǒng lèi fēn bù zài wǒ guó jìng nèi　shì wǒ guó niǎo lèi
画眉科有将近一半的种类分布在我国境内，是我国鸟类

zhōng zhǒng lèi zuì duō de yì kē　ér qiě qí zhōng yǒu bù shǎo wǒ guó tè yǒu de zhǒng lèi　yīn
中种类最多的一科，而且其中有不少我国特有的种类，因

cǐ wǒ guó yě yǒu　huà méi de wáng guó　zhī chēng
此我国也有"画眉的王国"之称。

金衣公主——黄鹂

因为黄鹂除头部和尾部缀有黑斑外，全身布满金黄的羽毛，黄黑交映，光彩夺目；所以，人们称它是"金衣公主"。黄鹂胆小，不易见于树顶，但能听到其响亮刺耳的鸣声而判断其所在之处。主要见于温暖地区，于林地、花园觅食昆虫，某些种类亦食果实。黄鹂属的鸟类是著名的益鸟，并因其艳丽的羽色，悦耳的叫声而深受人们的喜爱。

黑枕黄鹂为黄鹂属的典型代表。黑枕黄鹂又称黄莺，其体长为22厘米~26厘米，通体为鲜黄色，头上有一条较宽的黑纹，其翅膀和尾羽大部分为黑色。它们栖息于阔叶林中，主要以昆虫为食，有时也吃浆果。在繁殖季节，黑枕黄鹂的叫声清脆悦耳。一旦确定配偶后，黄鹂夫妻会共同建造巢穴，它们的巢穴以树皮、麻类纤维、草茎等在水平枝杈间编成吊篮状。

欧洲唯一的种类为金黄鹂，身体为黄色，眼周及翅为黑色，体长24厘米，向东分布至中亚及印度。栗色黄鹂产于亚洲，分布于喜马拉雅至印度支那，体色深红，有光泽。黄黄鹂产于北澳大利亚，仅以果实为食。

迷你档案馆

英文名：Oriolus
中文名：黄鹂
科：黄鹂科
属：黄鹂属
分布地：东半球热带地区

小巧玲珑的柳莺

柳莺俗称柳串儿或槐串儿，是我国最常见的、数量最多的小型食虫鸟类。它们的体形较麻雀还小，其背羽以橄榄绿色或褐色为主，下体为浅白色，喙细且尖。柳莺的体长约七厘米，其头部一条淡绿色的眉纹和羽翼上的两道白斑是这种鸟最明显的特征。它们主要活跃在柳树、槐树等乔木灌木丛的树梢枝杈间，其叫声细而锐，柔而脆，而且富有变化。我国的柳莺种类很多，均为夏候鸟。

柳莺筑巢的地点极为隐蔽，常在地表的枯枝落叶层中，或在地面的凹窝中，以树皮纤维和草茎编织成一个球状的巢，在巢的一侧开

柳莺的鸣叫声细而尖锐，轻柔而脆，且多变。

迷你档案馆

英文名:Warbler
中文名:柳莺
目:雀形目
分布地:中国东北、河北
地区

yǒu chū kǒu　chū yú běn néng　liǔ yīng zài cháo bì nèi yòng dà
有出口。出于本能,柳莺在巢壁内用大

liàng tái xiǎn hé jué lèi　yǐ jí yǔ máo　shòu máo děng duì cháo xué
量苔藓和蕨类,以及羽毛、兽毛等对巢穴

jìn xíng wěi zhuāng　bìng xián qǔ xiǎn hé shù pí gài zài qiú zhuàng niǎo
进行伪装,并衔取藓和树皮盖在球状鸟

cháo de dǐng bù　qí hòu dù kě dá　lí mǐ　rú guǒ bù zǐ xì
巢的顶部,其厚度可达6厘米,如果不仔细

guān chá shì hěn nán fā xiàn de
观察是很难发现的。

liǔ yīng zài xiāo miè hài chóng fāng miàn yǒu hěn dà de gòng
柳莺在消灭害虫方面有很大的贡

xiàn　shì nóng mín de hǎo bāng shǒu　zài liǔ yīng qiān xǐ de shí hou
献,是农民的好帮手。在柳莺迁徙的时候,

tā men jǐ hū biàn jí quán guó de fēn bù fàn wéi　shǐ qí zài kòng
它们几乎遍及全国的分布范围,使其在控

zhì yuán lín hài chóng fāng miàn yǒu zhe zhòng yào de zuò yòng　suǒ yǐ
制园林害虫方面有着重要的作用,所以

rén men yīng gāi bǎo hù zhè zhǒng kě ài de xiǎo niǎo
人们应该保护这种可爱的小鸟。

貌不惊人的麻雀

麻雀又名家雀、琉麻雀、老家贼，是国家保护动物，广布于我国南北各地，也广布于亚欧大陆，是一种最常见的雀类。一般麻雀体长为14厘米左右，体色以褐色为主，脸颊两侧各有一块黑色大斑，这是辨认麻雀的依据之一。麻雀为杂食性鸟类，夏、秋主要以禾本科植物的种子为食，所以经常会看到麻雀从人们那抢走粮食，所以人们送了个"家贼"的绰号给它，但是我们也应该看到，麻雀对有害昆虫的控制也起到了非常大的作用，事实上在麻雀多的地区，害虫特别是鳞翅目害虫的数量明显要少于其他地区。

麻雀形不惊人、貌不出众、声不迷人，它们多活动在人类居住点，

麻雀是与人类伴生的鸟类，常栖息于居民点和田野附近。

shí fēn huó pō　　jǐng tì xìng hěn gāo　　hào qí xīn jiào
十分活泼，警惕性很高，好奇心较

qiáng　　duō jiāng cháo jiàn zài fáng wū chù　zài yě wài zé
强。多将巢建在房屋处；在野外则

duō zhù cháo yú shù dòng zhōng　　chú dōng jì wài　má què
多筑巢于树洞中。除冬季外，麻雀

jǐ hū yì zhí chù zài fán zhí qī　měi cì chǎn luǎn　méi
几乎一直处在繁殖期，每次产卵6枚

zuǒ yòu　　jīng guò yuē shí sì tiān fū huà qī hé　gè yuè
左右，经过约十四天孵化期和1个月

de fǔ yù qī biàn kě lí cháo
的抚育期便可离巢。

吉
祥鸟喜鹊

xǐ què yòu bèi chēng wéi què　kè què　fēi bó niǎo　gàn què　tā
喜鹊又被称为鹊、客鹊、飞驳鸟、干鹊，它

men de fēn bù fàn wéi hěn guǎng　chú zhōng　nán měi zhōu yǔ dà yáng
们的分布范围很广，除中、南美洲与大洋

zhōu wài　jǐ hū biàn bù shì jiè gè dà lù　zài zhōng guó　chú cǎo yuán
洲外，几乎遍布世界各大陆。在中国，除草原

hé huāng mò dì qū wài　quán guó gè dì jūn yǒu fēn bù　xǐ què shì hěn
和荒漠地区外，全国各地均有分布。喜鹊是很

shòu rén men xǐ ài de niǎo lèi zhī yī　qí jiào shēng wǎn zhuǎn　zài wǒ
受人们喜爱的鸟类之一，其叫声婉转，在我

guó mín jiān jiāng xǐ què zuò wéi　jí xiáng de xiàng zhēng　niú láng zhī nǚ
国民间将喜鹊作为吉祥的象征，牛郎织女

què qiáo xiāng huì de chuán shuō jí huà què zhào xǐ de fēng sú zài mín jiān
鹊桥相会的传说及画鹊兆喜的风俗在民间

dōu guǎng wéi liú chuán
都广为流传。

xǐ què tǐ cháng　　háo mǐ　　háo mǐ　qí tóu　jǐng bèi
喜鹊体长 435毫米~460毫米，其头、颈、背

至尾均为黑色，并自前向后分别呈现紫色、绿蓝色、绿色等光泽。双翅为黑色并在翼肩处有白斑。腹部以胸为界，前黑后白。黑嘴喜鹊是一种人们经常能够见到的喜鹊。

喜鹊喜欢把巢筑在民宅旁的大树上，并在居民点附近活动。喜鹊为多年性配偶，每窝产卵5枚~8枚，其孵化期为18天左右，孵化后需经过1个月的时间方能离巢。喜鹊的巢呈球状，由喜鹊夫妇共同筑造，由枯枝编成，巢的内侧用厚厚的泥土填充，并铺上草叶、棉絮、兽毛、羽毛等。喜鹊的叫声洪亮，食性较杂，多在旷野和田间觅食。

《禽经》中有对喜鹊的记载："仰鸣则阴，俯鸣则雨，人闻其声则喜。"

迷你档案馆

英文名:Magpie
中文名:喜鹊
科:鸦科
属:喜鹊属
分布地:亚洲、欧洲、北美洲

从不迷路的鸽子

rén men dōu zhī dao gē zi néng gòu bù yuǎn wàn lǐ de cháng tú bá shè zhī hòu àn yuán
人们都知道鸽子能够不远万里地长途跋涉之后按原

lù fǎn huí　ér bú huì mí shī fāng xiàng　zhè qí zhōng yòu yǒu zhe zěn yàng de yuán yóu ne
路返回,而不会迷失方向。这其中又有着怎样的缘由呢?

jīng guò kē xué jiā de nǔ lì tàn suǒ　zhōng yú zhǎo dào yuán yīn　nà shì yīn wèi gē zi
经过科学家的努力探索,终于找到原因,那是因为鸽子

jù yǒu néng lì yòng dì cí chǎng dǎo háng de néng lì　zhòng suǒ zhōu zhī　dì qiú shì yí gè
具有能利用地磁场导航的能力。众所周知,地球是一个

jù dà de cí tǐ　dì qiú de dì lǐ běi jí dà zhì duì yìng zhe dì cí chǎng de cí nán jí
巨大的磁体。地球的地理北极大致对应着地磁场的磁南极

鸽子也被人
们认为是和平的
象征。

jí　ér dì qiú de dì lǐ nán jí zé dà zhì duì
(S极),而地球的地理南极则大致对

yìng zhe dì cí chǎng de cí běi jí　jí　dàn zhè
应着地磁场的磁北极(N极)。但这

yàng shuō qǐ lai dà jiā tīng de hěn máo dùn　suǒ yǐ xí
样说起来大家听得很矛盾,所以习

guàn shang dōu jiāng wèi yú dì lǐ běi jí fù jìn de dì
惯上都将位于地理北极附近的地

cí jí chēng wéi　cí běi jí　　dàn tā jù yǒu　jí de
磁极称为"磁北极",但它具有S极的

cí xìng　ér chēng wèi yú dì lǐ nán jí fù jìn de dì
磁性;而称位于地理南极附近的地

cí jí wéi　cí nán jí　　dàn tā jù yǒu　jí de cí
磁极为"磁南极",但它具有N极的磁

xìng　dì qiú shang de suǒ yǒu wù tǐ zhǐ yào shì dài cí
性。地球上的所有物体只要是带磁

xìng de　dōu yào shòu dào dì qiú cí chǎng de zuò yòng
性的，都要受到地球磁场的作用

lì　bǐ rú pái chì lì huò zhě xī yǐn lì de yǐng xiǎng
力，比如排斥力或者吸引力的影响。

gē zi jiù shì yóu cǐ zhǎng wò fāng xiàng de　kē xué jiā
鸽子就是由此掌握方向的，科学家

men fā xiàn　zài gē zi de yǎn zhōng yǒu yí kuài tū qǐ
们发现，在鸽子的眼中有一块突起

de gǔ tou　tā bèi chēng wéi cí gǔ　gē zi zhèng shì
的骨头，它被称为磁骨，鸽子正是

tōng guò cí gǔ cè liáng dì qiú cí chǎng de zuò yòng lì lái wèi zì jǐ de fēi xíng dìng xiàng de
通过磁骨测量地球磁场的作用力来为自己的飞行定向的。

gē zi zhuó yuè de fēi xiáng jì néng hé rèn lù běn lǐng　shǐ tā chéng wéi rén lèi chuán dì xìn
鸽子卓越的飞翔技能和认路本领，使它成为人类传递信

xī de gōng jù
息的工具。

鸠占鹊巢的杜鹃

杜鹃性隐怯，常隐匿在多叶的枝干上。繁殖时期，它们的性情则更为孤独。雌雄杜鹃从不成对生活，而且，雌杜鹃也不是一个称职的鸟妈妈。它们既不会筑窝孵卵，又不会养育幼鸟，而是将这一切应尽的职责推给其他鸟类的鸟妈妈代劳。

当雌杜鹃快要产卵的时候，它们就开始在丛林间飞来飞去，为自己即将出世的宝宝寻觅合适的寄宿住所。一旦发现云雀、画眉等鸟类孵卵的巢窝，雌杜鹃便趁它们离巢外出时，偷偷将自己的卵产在巢窝里，然后把原来巢窝里的卵踢出。由于杜鹃的卵同这些鸟类的卵在形状和颜色上都很

迷你档案馆

英文名：Cuckoo
中文名：杜鹃
科：杜鹃科
属：杜鹃属
分布地：全球温带、热带地区

xiāng jìn   yún què   huà méi děng niǎo mā ma huí lái hòu bìng bú huì chá jué zì jǐ de bǎo bao yǐ jīng
相近，云雀、画眉 等 鸟妈妈回来后并不会察觉自己的宝宝已经

bèi diào bāo le   yī jiù quán xīn quán yì de fū huà suǒ yǒu de luǎn   xī xīn hē hù zhè xiē kě ài
被调包了，依旧全心全意地孵化所有的卵，悉心呵护这些可爱

de dàn bǎo bao dāng xiǎo dù juān de yǔ yì fēng mǎn néng zì xíng mì shí de shí hou tā men biàn
的蛋宝宝。当小杜鹃的羽翼丰满，能自行觅食的时候，它们便

yì rán jué rán de fēi lí   yǎng mǔ   de jiā   méi yǒu sī háo gǎn ēn de yì zhì
毅然决然地飞离"养母"的家，没有丝毫感恩的意识。

尾
似剪刀的雨燕

雨燕是雨燕目雨燕科的统称，这类鸟的飞行速度很快，十分敏捷，全世界约有七十五种。雨燕的分布范围极广，除两极、智利南部、阿根廷、纽西兰和澳大利亚大部地区外，几乎遍布全球。

雨燕与家燕样子很像，体长约9厘米~23厘米，翼展很长，且结实有力。其羽毛致密，呈灰、褐或黑色，有时在喉、颈、腹或腰部有淡色或白色斑纹。雨燕的尾一般较短，但也有长而分叉的种类。一般时，落在平地上的雨燕起飞时比较困难，因为它们的足并不是十

雨燕是飞翔速度最快的鸟类，常在空中捕食昆虫，翼长但腿脚弱小。

fēn qiáng zhuàng yǒu lì　bǐ jiào zhù míng de yǔ yàn yǒu
分强 壮 有力。比较著名的雨燕有：

yān cōng cì wěi yǔ yàn　bái lǐng yǔ yàn　bái yāo yǔ yàn
烟囱刺尾雨燕、白领雨燕、白腰雨燕、

bái hóu chā wěi yǔ yàn děng
白喉叉尾雨燕 等。

yǔ yàn zài bǔ shí shí　fēi kuài de lái huí fēi
雨燕在捕食时，飞快地来回飞

xíng　tóng shí zhāng kāi tā men de huì　bǔ zhuō kōng
行，同时张开它们的喙，捕捉空

zhōng de fēi chóng　shèn zhì tā men hái zài fēi xíng zhōng
中的飞虫。甚至它们还在飞行中

hē shuǐ　xǐ zǎo hé xuǎn zé pèi ǒu　yì bān niǎo lèi de
喝水、洗澡和选择配偶。一般鸟类的

shuāng yì zài fēi xíng shí zhèn dòng de sù dù xiāng
双 翼在飞行时振动的速度相

duì jiào màn　dà yuē cì　cì miǎo dàn yǔ
对较慢，大约4次~8次/秒，但雨

yàn yóu yú yōng yǒu yí duì lián dāo zhuàng de chì
燕由于拥有一对镰刀 状 的翅

bǎng shǐ qí chéng wéi le niǎo lèi zhōng de fēi xíng
膀使其成为了鸟类中的飞行

jiàn jiàng　mù qián　yǐ zhī yǔ yàn de tiān dí zhǐ
健将。目前，已知雨燕的天敌只

yǒu jǐ zhǒng dà xíng de sǔn
有几种大型的隼。

迷你档案馆

英文名：Swift
中文名：雨燕
科：雨燕科
属：雨燕属
分布地：世界性分布

森林女神——蜂鸟

fēng niǎo yīn pāi dǎ chì bǎng shí fā chū de wēng wēng shēng ér dé míng tā yě shì
蜂鸟因拍打翅膀时发出的嗡嗡声而得名，它也是

yǐ zhī shì jiè shang zuì xiǎo de niǎo lèi tā men yǒu zhe jí gāo de fēi xíng běn lǐng bèi rén
已知世界上最小的鸟类。它们有着极高的飞行本领，被人

men chēng wéi sēn lín nǚ shén fēng niǎo de tǐ yǔ xī shū wài biǎo chéng lín piàn
们称为"森林女神"。蜂鸟的体羽稀疏，外表呈鳞片

zhuàng dà duō dài yǒu jīn shǔ guāng zé qí yǔ máo duō wéi lán sè huò lǜ sè xià tǐ
状，大多带有金属光泽。其羽毛多为蓝色或绿色，下体

jiào dàn yǒu xiē xióng niǎo jù yǒu yǔ guān huò xiū cháng de wěi yǔ dà bù fen xióng niǎo de
较淡，有些雄鸟具有羽冠或修长的尾羽。大部分雄鸟的

tǐ yǔ wéi lán lǜ sè yě yǒu de wéi zǐ sè hóng sè huò huáng sè ér cí niǎo de tǐ
体羽为蓝绿色，也有的为紫色、红色或黄色，而雌鸟的体

羽一般较为暗淡。

蜂鸟长有一对肌肉强健的翅膀，翅膀较长且呈桨片状，因此它们能敏捷地上下翻飞、侧飞，甚至是倒飞，同时还能停留在空中取食花蜜和昆虫，堪称唯一能与飞行大师——蜻蜓相媲美的鸟类。蜂鸟拍打翅膀的速度可达到15次/秒~80次/秒，而拍打的快慢主要取决于蜂鸟的大小。

蜂鸟的体形都很小，生活在南美洲西部的巨蜂鸟是蜂鸟中最大的，也不过长20厘米，重约二十克，而最小的蜂鸟——吸蜜蜂鸟仅长5.5厘米，重约两克。这是现存最小的鸟，在所有动物当中，蜂鸟以其妍美的体态、艳丽的色彩和精巧的形态而博得盛誉，即使是精雕玉琢的艺术珍品也无法同这大自然的瑰宝相媲美。

迷你档案馆

英文名：Wood Nymph
中文名：蜂鸟
科　属：蜂鸟科
体长：约7.6厘米
分布地：美洲

湖畔精灵——翠鸟

西方象征幸福的的青鸟指的就是翠鸟。

翠鸟别名鱼虎、钓鱼翁、蓝翡翠、秦椒嘴等，它体羽的颜色十分鲜丽，许多种类有羽冠。中国的翠鸟有三种：斑头翠鸟、蓝耳翠鸟和普通翠鸟。翠鸟的喙长而尖且粗厚，头大、尾短、脚短，是常于水边出没的中型水边鸟类，主要分布于我国中部和南部。翠鸟常栖息于有小河、溪涧、湖泊，以及灌溉渠等水域，以鱼为食，

zài àn páng dòng xué zhōng huò zài shā zhōu dǎ dòng
在岸旁洞穴中或在沙洲打洞

wéi cháo
为巢。

翠鸟是翠鸟科里数量最多、分布最广的鸟类之一。

cuì niǎo tǐ xíng dà duō shù ǎi xiǎo duǎn
翠鸟体形大多数矮小短

pàng zhǐ yǒu má què dà xiǎo tǐ cháng yuē shí
胖，只有麻雀大小，体长约十

wǔ lí mǐ qí tǐ xíng yǒu diǎn xiàng zhuó mù
五厘米。其体形有点像啄木

niǎo dàn wěi ba duǎn xiǎo cuì niǎo wěi ba hěn
鸟，但尾巴短小。翠鸟尾巴很

duǎn dàn fēi qi lai hěn líng huó cuì niǎo cháng dú qī zài jìn shuǐ biān de shù zhī shang huò yán shí
短，但飞起来很灵活。翠鸟常独栖在近水边的树枝上或岩石

shang sì jī liè shí tā men jí shǐ zài shuǐ zhōng yě néng gòu bǎo chí jí jiā de shì lì yīn wèi
上伺机猎食，它们即使在水中也能够保持极佳的视力，因为

tā men de yǎn jing jìn rù shuǐ zhōng hòu néng xùn sù tiáo zhěng shuǐ zhōng yīn wèi guāng xiàn zào chéng de
它们的眼睛进入水中后能迅速调整水中因为光线造成的

shì jiǎo fǎn chā gù ér cuì niǎo de bǔ yú běn lǐng kě wèi shì bǎi fā bǎi zhòng
视角反差。故而，翠鸟的捕鱼本领可谓是百发百中。

cuì niǎo tóu dà shēn tǐ xiǎo huì ké yìng huì cháng ér qiáng zhí yǒu jiǎo léng mò duān jiān
翠鸟头大，身体小，喙壳硬，喙长而强直，有角棱，末端尖

ruì tǐ yǔ zhǔ yào wéi liàng lán sè tóu dǐng hēi sè
锐。体羽主要为亮蓝色。头顶黑色，

é jù bái lǐng quān nóng gǎn lǎn sè de tóu bù yǒu qīng
额具白领圈。浓橄榄色的头部有青

lǜ sè bān wén yǎn xià yǒu yì qīng lǜ sè wén yǎn hòu
绿色斑纹，眼下有一青绿色纹，眼后

jù yǒu chéng hè sè de guāng zé miàn jiá hé hóu bù
具有橙褐色的光泽。面颊和喉部

wéi bái sè shàng tǐ yǔ lán sè xià tǐ yǔ chéng zōng
为白色。上体羽蓝色，下体羽呈棕

sè dāng rán bù tóng zhǒng lèi de cuì niǎo wài xíng huì
色。当然，不同种类的翠鸟外形会

yǒu suǒ bù tóng
有所不同。

鸟中织女——织布鸟

gù míng sī yì　zhī bù niǎo de tè sè zài yú tā men néng gòu
顾名思义,织布鸟的特色在于它们能够

yòng cǎo hé qí tā zhí wù fǎng zhī chū jīng měi de wō　zhī bù niǎo de
用草和其他植物纺织出精美的窝。织布鸟的

tǐ xíng hé má què chà bu duō　gòng yǒu　gè bù tóng de pǐn zhǒng
体形和麻雀差不多,共有70个不同的品种。

tā men shēng xìng huó pō　dà duō shù zhī bù niǎo chī zhǒng zi　yóu qí
它们生性活泼,大多数织布鸟吃种子,尤其

shì cǎo zǐ　dàn yě yǒu chī chóng zi de
是草籽,但也有吃虫子的。

zhī bù niǎo yì bān shēng huó zài cóng lín zhōng　zài shù shang zhù
织布鸟一般生活在丛林中,在树上筑

cháo　tā men de cháo chéng cháng bà lí xíng　xuán diào yú shù mù de
巢。它们的巢呈长把梨形,悬吊于树木的

zhī shāo　yǐ cǎo jīng　cǎo yè　liǔ shù xiān wéi děng biān zhī ér chéng
枝梢,以草茎、草叶、柳树纤维等编织而成。

zhī bù niǎo xǐ huan qún jū　wǎng wǎng huì zài yì kē shù shang zhù zào
织布鸟喜欢群居。往往会在一棵树上筑造

shí jǐ gè niǎo wō　nán fēi de yì zhǒng zhī bù niǎo de wō li tóng zhù
十几个鸟窝。南非的一种织布鸟的窝里同住

duō duì fū qī　bú guò měi duì fū qī dōu yǒu dān dú jìn chū de mén
多对夫妻,不过每对夫妻都有单独进出的门。

迷你档案馆

英文名:Weaver Birds
中文名:织布鸟
类　别:鸟类
科:雀形目织布鸟科
分布地:非洲

繁殖期的雄鸟羽毛呈黑色和黄色，鲜艳夺目。这个时期的雄鸟们会开始一场编织吊巢的角逐。它们先把衔来的植物纤维的一端紧紧地系在选好的树枝上，喙爪并用来回编织，穿网打结，织成吊巢。如果博得了雌鸟的赞许，它们便订下终身大事，共同布置装点"新房"。

娇小可爱的戴胜

戴胜俗称山和尚、咕咕翅、鸡冠鸟，它的外形奇特，色彩艳丽，娇小可爱，是著名的观赏鸟。戴胜体长约三十厘米，喙微弯，头上有一簇较长的棕色扇形羽冠，十分好看。其体色以灰黄色为主，双翼和尾巴上有白棕相间

de héng bān
的横斑。

dài shèng shì yì zhǒng cháng jiàn de xiǎo xíng niǎo lèi
戴胜是一种常见的小型鸟类，

cháng qī xī yú kāi kuò de tián yě yuán lín hé yě wài de shù
常栖息于开阔的田野、园林和野外的树

gàn shang yǐ qiū yǐn hé luó lèi wéi shí dài shèng cháng bǎ
干上，以蚯蚓和螺类为食。戴胜常把

zì jǐ de cháo jiàn zài shù dòng huò zhù fáng de qiáng bì fèng xì
自己的巢建在树洞或住房的墙壁缝隙

zhōng tā men de cháo zhōng cháng cháng bù mǎn le zāng dōng
中，它们的巢中常常布满了脏东

xi lián chú niǎo de fèn biàn yě bù jí shí qīng lǐ yīn cǐ
西，连雏鸟的粪便也不及时清理，因此

cháo xué li mí màn zhe yì gǔ chòu qì cǐ wài tā men de shēn tǐ
巢穴里弥漫着一股臭气。此外，它们的身体

zhōng hái néng fēn mì chū yì zhǒng dài yǒu cì jī xing chòu wèi de yè
中还能分泌出一种带有刺激性臭味的液

tǐ zhè zhǒng yè tǐ kě yǐ jiāng dí hài bī zǒu tè bié shì zài fū
体，这种液体可以将敌害逼走。特别是在孵

huà qī zhè shí de cí niǎo néng zài wěi bù de zhī xiàn zhōng fēn mì
化期，这时的雌鸟能在尾部的脂腺中分泌

chū yì zhǒng gèng chòu de zōng hēi sè yè tǐ
出一种更臭的棕黑色液体。

suī rán dài shèng cháo xué de wèi shēng shí fēn bù hǎo dàn tā
虽然戴胜巢穴的卫生十分不好，但它

men de gè rén wèi shēng què fēi cháng de hǎo wán quán xiǎng xiàng bú
们的个人卫生却非常地好，完全想象不

dào tā men de cháo huì rú cǐ de zāng luàn tā men huì cǎi yòng yì
到它们的巢会如此地脏乱。它们会采用一

zhǒng shā yù de fāng shì jiāng zì jǐ shēnshang de sǐ pí hé
种"沙浴"的方式将自己身上的死皮和

jì shēng chóng xǐ diào
寄生虫洗掉。

迷你档案馆

英文名:Eurasian Hoopoe
中文名:戴胜
科:戴胜科
属:戴胜属
分布地:非洲、欧亚大陆、印度

五彩斑斓的鹦鹉

yīng wǔ zhǐ yīng xíng mù zhòng duō yàn lì ài jiào de niǎo tā men yǐ qí měi lì wú bǐ
鹦鹉指鹦形目众多艳丽、爱叫的鸟。它们以其美丽无比

de yǔ máo shàn xué rén yǔ jì néng de tè diǎn gèng wéi rén men suǒ xīn shǎng hé zhōng ài
的羽毛,善学人语技能的特点,更为人们所欣赏和钟爱。

yīng wǔ zhǔ yào shì rè dài yà rè dài sēn lín zhōng yǔ sè xiān yàn de shí guǒ niǎo lèi yīng wǔ
鹦鹉主要是热带、亚热带森林中羽色鲜艳的食果鸟类。鹦鹉

zhǒng lèi fán duō xíng tài gè yì yǔ sè yàn lì yǒu huá guì gāo yǎ de fěn hóng fèng tóu yīng
种类繁多,形态各异,羽色艳丽。有华贵高雅的粉红凤头鹦

wǔ hé kuí huā fèng tóu yīng wǔ xióng wǔ duō zī de jīn gāng yīng wǔ wǔ cǎi bīn fēn de yà mǎ
鹉和葵花凤头鹦鹉、雄武多姿的金刚鹦鹉、五彩缤纷的亚马

sūn yīng wǔ hé xiǎo qiǎo líng lóng de hǔ pí yīng wǔ děng
孙鹦鹉和小巧玲珑的虎皮鹦鹉等。

鹦鹉以其美丽无比的羽毛,善学人语的特点,为人们所欣赏和钟爱。

fěn hóng fèng tóu yīng wǔ yòu míng táo sè fèng tóu
粉红凤头鹦鹉又名桃色凤头

yīng wǔ fěn hóng bā dān jiǎ lā fèng tóu yīng wǔ
鹦鹉、粉红巴丹、贾拉凤头鹦鹉、

táo sè bā dān jiǎ lā bā dān shì ào zhōu fēn bù
桃色巴丹、贾拉巴丹,是澳洲分布

zuì guǎng de yīng wǔ zhī yī zài xǔ duō dì qū bèi
最广的鹦鹉之一,在许多地区被

shì wéi nóng yè hài niǎo tā men měi lì de fěn hóng
视为农业害鸟,它们美丽的粉红

sè yǔ máo shí fēn mí rén fěn hóng fèng tóu
色羽毛十分迷人,粉红凤头

yīng wǔ shì yì zhǒng kěn yǎo lì qiáng qiě
鹦鹉是一种啃咬力强且

迷你档案馆

中文名:金刚鹦鹉
目:鹦形目
科:鹦鹉科
体长:约九十厘米
分布地:美洲

shēng mìng lì shí fēn wán qiáng de fèng tóu yīng wǔ　zhǐ yào néng shí
生命力十分顽强的凤头鹦鹉,只要能时
cháng tí gòng xīn xiān de shù zhī gōng tā men kěn yǎo　bìng qiě jiā yǐ
常提供新鲜的树枝供它们啃咬,并且加以
xùn liàn biàn kě yǐ chēng wéi wēn shùn de chǒng wù niǎo
训练便可以称为温顺的宠物鸟。

　　jīn gāng yīng wǔ shì yì zhǒng sè cǎi yàn lì de dà xíng yīng
金刚鹦鹉是一种色彩艳丽的大型鹦
wǔ　tā yǒu yì zhǒng　tè yì gōng néng　jí bǎi dú bù qīn zhè
鹉,它有一种"特异功能",即百毒不侵,这
zhǔ yào guī gōng yú tā men suǒ chī de ní tǔ
主要归功于它们所吃的泥土。

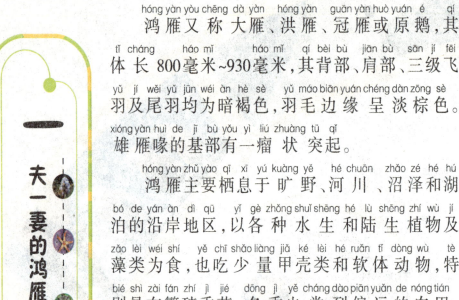

鸿雁又称大雁、洪雁、冠雁或原鹅，其体长800毫米~930毫米，其背部、肩部、三级飞羽及尾羽均为暗褐色，羽毛边缘呈淡棕色。雄雁喙的基部有一瘤状突起。

鸿雁主要栖息于旷野、河川、沼泽和湖泊的沿岸地区，以各种水生和陆生植物及藻类为食，也吃少量甲壳类和软体动物，特别是在繁殖季节。冬季也常到偏远的农田、麦地、豆地觅食农作物。觅食多在傍晚和夜间。通常天一黑就成群飞往觅食地，清晨

在我国古代，鸿雁可作书信的代称。

迷你档案馆

英文名：Anser Cygnoides
中文名：鸿雁
科：鸭科
属：雁属
分布地：亚洲、欧洲、非洲地区

才返回湖泊或江河中休息和游泳，有时也在岸边草地上或沙滩上休息。

鸿雁有迁徙的习性，喜欢群居，飞行时成有序的队列，有一字形、人字形等。鸿雁为一夫一妻制，雌雄共同参与雏鸟的的养育。

目前，鸿雁已被列入国家林业局发布的《国家保护的有益的或者有重要经济、科学研究价值的陆生野生动物名录》。鸿雁是家鹅的祖先，是极其重要的遗传资源，我们应保护这种动物。

极地使者——雪雁

雪雁是一种体羽纯白、翅尖黑色、腿和喙粉红色、喙裂黑色的雁。主要包括大雪雁和小雪雁两个种类，小雪雁主要繁殖于北极，越冬时迁徙至加利福尼亚和日本；大雪雁则繁殖于格陵兰西北部和附近岛屿，越冬时迁徙至美国东海岸的北卡罗来纳，特别是皮岛。

雪雁的体形略小，体长约八十厘米，是为数很少的食草鸟类，它们的喙很坚硬，适合挖掘植物的根，因此它们主要以植物为食。雪雁洁白的羽毛上和黑色的翼尖相映使其显得瑰丽多姿。雪雁喜欢结群而居，数量从数只至几千只不等。

每年5月下旬，雪雁便可到达阿

迷你档案馆

英文名：Snow Goose
中文名：雪雁
科：鸭科
属：雁属
分布地：欧洲、亚洲、非洲地区

拉斯加附近的北极海岸平原开始筑巢繁殖。而那些不繁殖后代的雪雁则会远离群体及其所在小河、小溪，寻找一处更安全的地方，进行迁徙前的准备工作——换毛。因为其他鸟类换羽大多是逐渐更替的，这样不会影响其飞翔能力，但雪雁换毛则是一次性全部脱落，这段时期它们会完全丧失飞翔能力，所以雪雁必须隐蔽起来，以防止天敌的捕食。

棕尾虹雉

zōng wěi hóng zhì yòu bèi jiào zuò　　　 jiǔ sè niǎo　 shì diǎn xíng de gāo shān jī lèi　 xióng
棕尾虹雉又被叫做"九色鸟",是典型的高山鸡类。雄

niǎo tōng tǐ yǔ sè yàn lì　 shǎn yào zhe cǎi hóng yí yàng de jīn shǔ guāng zé　 tóu dǐng yǒu yī
鸟通体羽色艳丽,闪耀着彩虹一样的金属光泽,头顶有一

cù lán lǜ sè yǔ guān　 shì hóng zhì zhōng yǔ guān zuì piāo liang de　 cí niǎo quán shēn de yǔ
簇蓝绿色羽冠,是虹雉中羽冠最漂亮的;雌鸟全身的羽

sè dàn yǎ qīng xiù　 tā men cháng jié qún huó dòng　 yǒu shí huì jié chéng　 zhī　　 zhī de
色淡雅清秀。它们常结群活动,有时会结成20只~30只的

群体，主要以植物的嫩芽、嫩叶、块根、果实和种子等为食，有时也吃昆虫。

在我国，棕尾虹雉数量极为稀少，估计总数不足1 000只，主要分布在西藏南部和东南部的定结、定日、吉隆等地区。

棕尾虹雉生活在海拔2 500米~4 500米的高山针叶林、高山草甸和灌丛之中，那里终年被云雾笼罩

棕尾虹雉是尼泊尔的国鸟。

着。它们白天活动，晚上栖于陡峭的岩石上或灌丛中。那里自然条件非常严酷，整个夏季几乎总是在阴凉的细雨和云雾笼罩下度过的，即使是晴天也常被飘浮的白云所缭绕，冬季则被皑皑白雪覆盖，但它们却天生有一身与环境相适应的本领。

迷你档案馆

英文名：Lophophorus impejanus
中文名：棕尾虹雉
科：雉科
分布地：尼泊尔、中国西藏、四川

长
相惊人的鹈鹕

鹈鹕又称塘鹅，是一种大型涉禽，世界上共有8种鹈鹕，它们大多分布在欧洲、亚洲等地。人们经常能见到的是白鹈鹕和斑嘴鹈鹕，而生活在我国的鹈鹕有白鹈鹕、斑嘴鹈鹕和卷羽鹈鹕三种。

它的长相比较奇特，长长的、带钩的喙和巨大的喉囊是它最大的特征。这个喉囊能捕鱼、能伸缩，还能储存食物，可谓是用途广泛。鹈鹕的翅膀很大，展开后的长度达3米，靠着巨大的翅膀，它能以超过40千米/时

de sù dù jìn xíng fēi xíng tí hú shì qún jū dòng wù
的速度进行飞行。鹈鹕是群居动物，

zhǔ yào qī xī zài yán hǎi hú pō zhǎo zé hé hé
主要栖息在沿海、湖泊、沼泽和河

chuān děng dà xíng de shuǐ yù yǐ bǔ shí gè zhǒng yú
川 等大型的水域，以捕食各种鱼

lèi wéi shēng tā men néng yì biān yóu yǒng yì biān
类为生。它们能一边游泳，一边

yòng wǎng shì de huì bǔ yú fēi xíng shí tā men de
用网似的喙捕鱼。飞行时，它们的

dòng zuò zhěng jì huà yī yóu rú jīng guò xùn liàn de shì
动作整齐划一，犹如经过训练的士

bīng yì bān
兵一般。

měi nián de yuè yuè shì tí hú de fán zhí
每年的4月—6月是鹈鹕的繁殖

jì jié dà liàng de tí hú jù jí zài shuǐ yù fù jìn
季节，大量的鹈鹕聚集在水域附近，

kāi shǐ jìng zhēng pèi ǒu fán yǎn hòu dài tí hú měi cì
开始竞争配偶，繁衍后代。鹈鹕每次

chǎn méi méi lán sè de luǎn gè yuè hòu xiǎo
产1枚~4枚蓝色的卵，1个月后，小

鹈鹕对感情坚贞不渝，一旦找
到另一半，那么终生都不离不弃。

tí hú biàn huì fū huà chū lai
鹈鹕便会孵化出来。

zài kōng zhōng tí hú kě yǐ zuò chū xǔ duō
在空中，鹈鹕可以做出许多

yōu yǎ gāo nán de dòng zuò kě yí dàn tā men
优雅、高难的动作，可一旦它们

jiàng luò dào dì miàn shang biàn huì biàn de hěn bèn
降落到地面上便会变得很笨

zhuō zài pèi hé tā men qí tè de zhǎng xiàng
拙，再配合它们奇特的长 相，

yàng zi shí fēn gǎo xiào
样子十分搞笑。

迷你档案馆

英文名:Pelican
中文名:鹈鹕
科:鹈鹕科
属:鹈鹕属
分布地:中国新疆、福
建一带

性情活泼的野鸭

野鸭是绿头鸭在北半球的俗名，别名为大绿头、大红腿鸭、大麻鸭等，是最常见的大型野鸭，也是除番鸭以外的所有家鸭的祖先，是水鸟的典型代表。

成年雄野鸭体形较大，体长55厘米~60厘米，体重1.2千克~1.4千克，其头和颈为暗绿色带金属光泽，颈下有一非常明显的白色圈环。野鸭的体羽为棕灰色带有灰色斑纹，翅膀为紫蓝色，边缘处为白色，尾羽大部分呈白色，尾羽中央有4根向上卷曲成钩状的黑色羽毛，这是雄野鸭所特有的。雌野鸭体形较雄野鸭小，全身羽毛呈棕褐色，并带有暗黑色斑点，胸腹部有黑色条纹，尾羽与家鸭相似，但羽毛亮且

迷你档案馆

英文名：Mallard

中文名：野鸭

科：鸭科

属：野鸭属

分布地：世界性分布

jǐn còu　　bìng dài yǒu dà xiǎo bù děng de yuán xíng huā wén
紧凑，并带有大小不等的圆形花纹。

　　　　yě yā xǐ jié qún huó dòng　　tā men xìng qíng huó pō　　cháng zài shuǐ biān xī xì　　yě yā de
　　野鸭喜结群活动，它们性情活泼，常 在水边嬉戏。野鸭的

jiǎo zhǐ jiān yǒu pǔ　　yīn cǐ tā men shàn yú zài shuǐ zhōng yóu yǒng hé xì shuǐ　　zhǔ yào yǐ xiǎo yú
脚趾间有蹼，因此它们善于在水 中 游泳和戏水，主要以小鱼、

xiǎo xiā　　jiǎ ké lèi dòng wù　　kūn chóng　　yǐ jí zhí wù de zhǒng zi　　jīng　　jīng yè　　zǎo lèi hé
小虾、甲壳类 动物、昆虫，以及植物的 种子、茎、茎叶、藻类和

gǔ wù děng wéi shí
谷物 等 为食。

胖乎乎的欧绒鸭

欧绒鸭胖胖的、绒乎乎的，看似很笨拙，其实它们是世界上水平飞行最快的鸟类，速度可达76千米/时。在所有的绒鸭当中，鸥绒鸭是体形最大的，它们主要栖息于大海上，环北级分布。

欧绒鸭的体形大而圆，喙有隆起。春季时，雌雄欧绒鸭颜色有很大区别，雄性欧绒鸭身上披着黑白分明的羽衣，

而雌性欧绒鸭的身体大部分呈褐色，有些像麻鸭，但小欧绒鸭的雌雄差别不大。欧绒鸭能嚼碎贝壳的硬壳及其砂囊，一年四季均以无脊椎动物，如软体动物、蠕虫、甲壳动物等为食。

欧绒鸭是最大的海鸭，有些有迁移行为，常在法国、新英格兰和阿留申群岛的海域越冬。

令人惊奇的是：欧绒鸭的巢区附近便是一种海鸥建巢的地方，而且对欧绒鸭而言，这种海鸥并不好相处，海鸥经常以欧绒鸭的卵和幼雏为食。那么，为何欧绒鸭仍然要将巢穴建在这种海鸥的附近呢？原来，欧绒鸭正是借助这种海鸥的力量，使贼鸥、北极狐等更强大的敌人望而却步，利用这种海鸥保护自身巢区的习性，避免欧绒鸭受敌害的侵袭。欧绒鸭的这种牺牲局部利益来换取更大好处的做法，确实非常高明。

迷你档案馆

英文名：Common Eider
中文名：欧绒鸭
科：鸭科
属：绒鸭属
分布地：加拿大南部等地

东

方宝石——朱鹮

zhū huán shǔ yú guó jiā jí bǎo hù dòng wù tā yòu míng zhū
朱鹮属于国家级保护动物，它又名朱
lù shǔ yú huán kē quán cháng lí mǐ zuǒ yòu tǐ zhòng yuē
鹭，属于鹮科，全长79厘米左右，体重约
qiān kè huì xì cháng ér mò duān xià wān cháng yuē shí bā lí
1.8千克，喙细长而末端下弯，长约十八厘
mǐ hēi hè sè jù hóng bān qí tuǐ cháng yuē jiǔ lí mǐ chéng zhū
米，黑褐色具红斑。其腿长约九厘米，呈朱
hóng sè cí xióng yǔ sè xiāng jìn tǐ yǔ bái sè yǔ jī wēi rǎn
红色，雌雄羽色相近，体羽白色，羽基微染
fěn hóng sè hòu zhěn bù zhǎng yǒu liǔ yè xíng yǔ guān é zhì miàn
粉红色。后枕部长有柳叶形羽冠，额至面
jiá bù pí fū luǒ lù chéng xiān hóng sè chū jí fēi yǔ jī bù chéng
颊部皮肤裸露，呈鲜红色，初级飞羽基部呈
fěn hóng sè
粉红色。

zhū huán shì xī shì zhēn qín bèi yù wéi dōng fāng bǎo shí
朱鹮是稀世珍禽，被誉为"东方宝石"，

迷你档案馆

英文名：Crested ibis
中文名：朱鹮
类　别：鸟类
科　属：鹮科
分布地：中国陕西

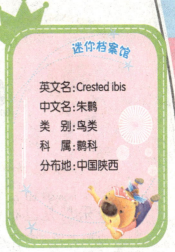

由于朱鹮的性格温顺，我国民间都把它看做是吉祥的象征，称为"吉祥之鸟"。

zhǔ yào chǎn yú wǒ guó shǎn xī shěng yáng xiàn qín lǐng nán lù guò
主要产于我国陕西省洋县秦岭南麓。过

qù tā zài wǒ guó dōng bù rì běn é luó sī cháo xiān děng
去它在我国东部、日本、俄罗斯、朝鲜等

dì dōu yǒu guǎng fàn fēn bù dàn yóu yú huán jìng è huà děng yīn
地都有广泛分布，但由于环境恶化等因

sù dǎo zhì le qí zhǒng qún shù liàng jí jù xià jiàng dào shì
素导致了其种群数量急剧下降，到20世

jì nián dài yě wài zhū huán yǐ nán mì zōng yǐng
纪70年代野外朱鹮已难觅踪影。

wǒ guó zài duì zhū huán de bǎo hù hé kē xué yán jiū děng
我国在对朱鹮的保护和科学研究等

fāng miàn zuò le dà liàng gōng zuò bìng qǔ dé xiǎn zhù chéng guǒ
方面做了大量工作，并取得显著成果。

nián yuè niǎo lèi xué jiā fā xiàn le zhū huán niǎo zhǒng
1981年5月，鸟类学家发现了朱鹮鸟种

qún zhè yě shì shì jiè shang jǐn cún de zhǒng qún qiě yú
群，这也是世界上仅存的种群，且于

nián chéng gōng jìn xíng rén gōng fū huà zhè gěi cǐ
1989年成功进行人工孵化。这给此

wù zhǒng de fā zhǎn dài lái le xī wàng
物种的发展带来了希望。

鸟中凤凰——极乐鸟

极乐鸟是巴布亚新几内亚的国鸟。巴布亚新几内亚人民最推崇的有三种东西，即极乐鸟、鳄鱼和男人雕刻像。极乐鸟又名天堂鸟，是生活在地跨亚洲与大洋洲之间的伊利安岛上的一种珍贵飞禽。极乐鸟是巴布亚新几内亚独立、自由的象征。他们把极乐鸟印在国旗上，刻在国徽上。巴布亚新几内亚航空公司的飞机尾部上也印有一只

zhǎn chì fēi xiáng de lán sè jí lè niǎo jí lè niǎo
展翅飞翔的蓝色极乐鸟。极乐鸟

shēng huó zài bā bù yà xīn jǐ nèi yà de cóng lín jùn
生活在巴布亚新几内亚的丛林峻

shān zhōng jí lè niǎo pà bèi cóng hòu miàn chuī lái de
山中。极乐鸟怕被从后面吹来的

fēng bǎ tā měi lì de yǔ máo chuī luàn yīn cǐ tā zǒng
风把它美丽的羽毛吹乱,因此它总

shì nì fēng fēi xíng suǒ yǐ rén men chēng tā wéi fēng
是逆风飞行,所以人们称它为"风

niǎo jí lè niǎo de yǔ shì yǔ zhòng bù tóng yóu qí
鸟"。极乐鸟的羽饰与众不同,尤其

shì xióng jí lè niǎo xióng jí lè niǎo shēn pī měi lì de
是雄极乐鸟。雄极乐鸟身披美丽的

yǔ shì zhǔ yào shì yòng lái xī yǐn cí xìng de zài fán zhí
羽饰主要是用来吸引雌性的。在繁殖

jì jié xióng niǎo xuǎn zé yì gēn biàn yú kàn dào cí
季节,雄鸟选择一根便于看到雌

niǎo shì yě kāi kuò de shù zhī zhàn zài shàng miàn duì
鸟、视野开阔的树枝,站在上面对

人们称极乐鸟为"天堂鸟""太阳鸟""女神鸟"等,是世界上著名的观赏鸟类之一。

zhe cí niǎo pāi dǎ chì bǎng huò shàng xià fān zhuǎn lìng yǔ máo xiàng yào yǎn de pù bù bēn tiào yuè
着雌鸟拍打翅膀或上下翻转,令羽毛像耀眼的瀑布般跳跃,

yǐ cǐ lái zhǎn shì zì jǐ de fēng cǎi
以此来展示自己的风采。

shì shì dài dài yǐ lái bā bù yà xīn jǐ nèi yà
世世代代以来,巴布亚新几内亚

rén yòng jí lè niǎo de yǔ máo zuò jǔ xíng yí shì shí
人用极乐鸟的羽毛做举行仪式时

yòng de tóu shì dāng rén men kāi shǐ chū kǒu jí lè niǎo
用的头饰。当人们开始出口极乐鸟

yǔ máo shí jí lè niǎo zāo dào le guò dù bǔ shā xiàn
羽毛时,极乐鸟遭到了过度捕杀,现

zài tā men yǐ jīng bīn lín miè jué le
在它们已经濒临灭绝了。

迷你档案馆

英文名:Bird of Paradise
中文名:极乐鸟
目:雀形目
科:风鸟科
分布地:巴布亚新几内亚

爱情骗子——鸳鸯

鸳鸯是一种小型野鸭。雄鸳鸯头上的羽冠呈红色或蓝绿色，身体上从喉部到颈部、胸部，颜色由金黄色变至紫色，再变成蓝色，两侧黑白交错，鲜红的喙、鲜黄的脚、两片橙黄色的翅膀还带有黑边，翅膀向上一弯，就像一把打开的扇子，堪称一绝。

人们常把鸳鸯比作爱情忠贞的象征，那么鸳鸯真的是"忠贞不渝"吗？经过多年的考察，有人发现，鸳鸯其实并不是像人们认为的那样彼此"忠贞不渝"，但在交配期间，雌雄鸳鸯确实是非常恩爱的。不过，在交配以后，雄鸳鸯就会抛弃雌鸳鸯，不再露面。雌鸳鸯从此只能独自抱

迷你档案馆

英文名：Aix galericulata
中文名：鸳鸯
科：鸭科
属：鸳鸯属
分布地：中国

<ruby>窝<rt>wō</rt></ruby><ruby>和<rt>hé</rt></ruby><ruby>抚<rt>fǔ</rt></ruby><ruby>育<rt>yù</rt></ruby><ruby>后<rt>hòu</rt></ruby><ruby>代<rt>dài</rt></ruby>。<ruby>成<rt>chéng</rt></ruby><ruby>对<rt>duì</rt></ruby><ruby>的<rt>de</rt></ruby><ruby>鸳<rt>yuān</rt></ruby><ruby>鸯<rt>yāng</rt></ruby><ruby>也<rt>yě</rt></ruby><ruby>会<rt>huì</rt></ruby><ruby>被<rt>bèi</rt></ruby><ruby>拆<rt>chāi</rt></ruby><ruby>散<rt>sàn</rt></ruby>，<ruby>而<rt>ér</rt></ruby><ruby>且<rt>qiě</rt></ruby><ruby>雄<rt>xióng</rt></ruby><ruby>鸳<rt>yuān</rt></ruby><ruby>鸯<rt>yāng</rt></ruby><ruby>还<rt>hái</rt></ruby><ruby>会<rt>huì</rt></ruby><ruby>喜<rt>xǐ</rt></ruby>

<ruby>新<rt>xīn</rt></ruby><ruby>厌<rt>yàn</rt></ruby><ruby>旧<rt>jiù</rt></ruby>，<ruby>它<rt>tā</rt></ruby><ruby>拆<rt>chāi</rt></ruby><ruby>散<rt>sàn</rt></ruby><ruby>别<rt>bié</rt></ruby><ruby>的<rt>de</rt></ruby><ruby>鸳<rt>yuān</rt></ruby><ruby>鸯<rt>yāng</rt></ruby>，<ruby>不<rt>bù</rt></ruby><ruby>久<rt>jiǔ</rt></ruby><ruby>又<rt>yòu</rt></ruby><ruby>会<rt>huì</rt></ruby><ruby>抛<rt>pāo</rt></ruby><ruby>弃<rt>qì</rt></ruby><ruby>抢<rt>qiǎng</rt></ruby><ruby>来<rt>lái</rt></ruby><ruby>的<rt>de</rt></ruby><ruby>雌<rt>cí</rt></ruby><ruby>鸳<rt>yuān</rt></ruby><ruby>鸯<rt>yāng</rt></ruby>。<ruby>被<rt>bèi</rt></ruby>

<ruby>雄<rt>xióng</rt></ruby><ruby>鸳<rt>yuān</rt></ruby><ruby>鸯<rt>yāng</rt></ruby><ruby>抛<rt>pāo</rt></ruby><ruby>弃<rt>qì</rt></ruby><ruby>后<rt>hòu</rt></ruby>，<ruby>雌<rt>cí</rt></ruby><ruby>鸳<rt>yuān</rt></ruby><ruby>鸯<rt>yāng</rt></ruby><ruby>独<rt>dú</rt></ruby><ruby>自<rt>zì</rt></ruby>"<ruby>装<rt>zhuāng</rt></ruby><ruby>修<rt>xiū</rt></ruby>"<ruby>自<rt>zì</rt></ruby><ruby>己<rt>jǐ</rt></ruby><ruby>的<rt>de</rt></ruby><ruby>巢<rt>cháo</rt></ruby><ruby>穴<rt>xué</rt></ruby>，<ruby>并<rt>bìng</rt></ruby><ruby>在<rt>zài</rt></ruby><ruby>巢<rt>cháo</rt></ruby>

<ruby>中<rt>zhōng</rt></ruby><ruby>产<rt>chǎn</rt></ruby><ruby>卵<rt>luǎn</rt></ruby>、<ruby>孵<rt>fū</rt></ruby><ruby>化<rt>huà</rt></ruby><ruby>小<rt>xiǎo</rt></ruby><ruby>鸳<rt>yuān</rt></ruby><ruby>鸯<rt>yāng</rt></ruby>。

鸟
寿带鸟

中
一枝花
——

寿带鸟又称"紫带小""老白带子"。该鸟主要分布在我国的东部和中部地区。寿带鸟羽色鲜艳,特别是雄鸟有两根非常长的中央尾羽,十分漂亮,是著名的观赏鸟。

寿带鸟身形优美,羽色漂亮,中等体形,有两种颜色,头闪辉黑色,冠羽显著。雄鸟易辨,一对中央尾羽在尾后特形延长,可达25厘米。鸣声清脆响亮,特别是在清晨,尤其悦耳动听。寿带鸟在山区较为常见,它们喜欢栖息在树丛中,飞行缓

慢，往往仅进行短距离飞行，但捕食时的动作十分迅速，它们的食物以昆虫为主，如蚱蝉、粉蝶等。繁殖季节时，雄鸟利用叫声吸引雌鸟。寿带鸟在人为干扰

寿带鸟经常捕食大量害虫，保护农林业，是益鸟，所以人们需要严加保护。

下极易弃巢，特别是在产卵初期，弃巢之后会在附近重新筑巢。

寿带鸟是最难饲养的笼鸟之一，由于它习惯捕食活的昆虫，以及捕食飞行中的蛾类和蝇类，故在笼养情况下很难满足其野生食性，因此多在捕获后1日—3日内死亡。由于其体态美丽，鸣声悠扬，我国动物园自20世纪50年代初已多方设法饲养，到目前为止，我国饲养展出最长时间均不足一年。

迷你档案馆

英文名:Asian Paradise-Fly-
Catcher
中文名:寿带鸟
目:雀形目
分布地:我国的东部和中部
地区

百鸟之王——孔雀

kǒng què shì wén míng yú shì de guān shǎng niǎo lèi　bèi yù wéi　niǎo zhōng zhī wáng

孔雀是闻名于世的观赏鸟类,被誉为"鸟中之王"。

měi lì de xióng kǒng què yǒu yì shēn wǔ cǎi bān lán de yǔ máo　zhè zhǔ yào shì yòng lái xī yǐn

美丽的雄孔雀有一身五彩斑斓的羽毛,这主要是用来吸引

yì xìng mù guāng de　　tā men dà bù fen shí jiān huì jié qún shēng huó　zhǐ yǒu zài fán zhí jì

异性目光的。它们大部分时间会结群生活,只有在繁殖季

jié　xióng kǒng què cái huì què dìng zì jǐ de lǐng dì　chù zài fán zhí jì jié de xióng kǒng què

节,雄孔雀才会确定自己的领地。处在繁殖季节的雄孔雀

hái huì fā chū xiǎng liàng de jiào shēng　yǐ xī yǐn yì xìng de zhù yì

还会发出响亮的叫声,以吸引异性的注意。

xióng kǒng què yǒu yí jiàn guāng cǎi duó mù de wài
雄孔雀有一件光彩夺目的外

yī　　zhè zhǔ yào shì yīn wèi kǒng què de yǔ máo biǎo miàn
衣，这主要是因为孔雀的羽毛表面

fù gài zhe yì céng báo báo de jiǎo zhì　néng bǎ　rì guāng
覆盖着一层薄薄的角质，能把日光

fǎn shè chéng càn làn yào yǎn de guāng cǎi　zhè zhǒng yán
反射成灿烂耀眼的光彩。这种颜

sè huì suí guāng zhào jiǎo dù de biàn huà ér gǎi biàn　yīn
色会随光照角度的变化而改变。因

cǐ　zài yǔ máo yí dòng shí　yǔ máo shang shǎn shuò bú
此，在羽毛移动时，羽毛上闪烁不

dìng de　　wěi yǎn　huì suí zhe wèi zhì de biàn huà ér gǎi
定的"伪眼"会随着位置的变化而改

biàn yán sè　xióng kǒng què jiù shì yǐ cǐ zēng jiā zì jǐ liàng lì de
变颜色。雄孔雀就是以此增加自己亮丽的

sè cǎi de　　shì jiè shang gòng yǒu sān zhǒng kǒng què　jí lǜ kǒng
色彩的。世界上共有三种孔雀，即绿孔

què、lán kǒng què hé gāng guǒ kǒng què　hái yǒu yì zhǒng shù liàng xī
雀、蓝孔雀和刚果孔雀，还有一种数量稀

shǎo de yóu lán kǒng què biàn zhǒng de bái kǒng què　qí zhōng zuì
少的由蓝孔雀变种的白孔雀。其中最

cháng jiàn de kǒng què jiù shì lán kǒng què
常见的孔雀就是蓝孔雀。

xióng kǒng què yǒu wǔ yán liù sè de wěi yǔ　xiāng bǐ zhī xià
雄孔雀有五颜六色的尾羽。相比之下，

cí kǒng què shēn shang de sè cǎi jiù xùn sè duō le　tā men méi yǒu
雌孔雀身上的色彩就逊色多了，它们没有

xiàng xióng kǒng què nà yàng měi lì de wěi yǔ　zài fán zhí jì jié
像雄孔雀那样美丽的尾羽。在繁殖季节

xióng kǒng què huì zhǎn kāi wěi píng xuàn yào zì jǐ wǔ guāng shí
雄孔雀会展开尾屏炫耀自己五光十

sè de yǔ máo　zhè jiù shì　kǒng què kāi píng
色的羽毛，这就是"孔雀开屏"。

大自然的清洁工——乌鸦

乌鸦是我们常见的一种飞禽，通常将它称为"老鸹"。乌鸦的家族中有秃鼻乌鸦、大嘴乌鸦、小嘴乌鸦等。在中国，自古以来人们对乌鸦的印象都是很不好的，认为看见了乌鸦或者听见乌鸦的叫声是一件很不吉利的事情，其实，这都是人们对乌鸦的一种误解。

乌鸦是一种杂食性动物，浆果、昆虫、腐肉还有其他鸟类的卵都能够列入它的食谱，但更多时候乌鸦吃的还是田地中的农业害虫。乌鸦除了能够捕食大量的害虫外，它还是有名的"大自然清洁工"。它们经常集体活动，在荒野啄食腐肉；有时候它们也飞进城市，在垃圾堆旁寻找人们丢

迷你档案馆

英文名：Crow
中文名：乌鸦
目：雀形目
科：鸦科
分布地：几乎遍布全球

^{qì de shí wù}　^{yǒu shí hou tā men yě zài hé dào shang shè shuǐ}　^{xún zhǎo piāo fú zài shuǐ miàn shang}
弃的食物；有时候它们也在河道 上 涉水，寻找 漂浮 在水面 上

^{de shí wù}
的食物。

　　^{zài wū yā de}　^{shè huì}　^{li}　^{yǒu xiē zhǒng lèi de wū yā zhōng shēng yì fū yì qī}　^{bìng}
　　在乌鸦的 "社会"里，有些 种 类的乌鸦终 生一夫一妻，并

^{qiě dǒng de zhào gù nián mài de fù mǔ}　^{zhè zhǒng xiàn xiàng jiào zuò fǎn bǔ}　^{suǒ yǐ zài zhōng guó gǔ}
且懂得照顾年迈的父母，这种 现 象叫做反哺。所以在 中 国古

^{dài jiù yǒu}　^{yáng zhī guì rǔ}　^{yā zhī fǎn bǔ}　^{rén bù zhī xiào yǎng fù mǔ}　^{qín shòu bù rú}　^{de gé}
代就有 "羊知跪乳，鸦之反哺，人不知孝 养 父母，禽兽不如" 的格

^{yán}　^{suǒ yǐ wū yā yě yǒu}　^{cí niǎo}　^{de měi yù}
言。所以乌鸦也有 "慈鸟" 的美誉。

俊俏可人的太平鸟

tài píng niǎo shì tài píng niǎo kē de niǎo lèi   qí tǐ cháng wéi
太平鸟是太平鸟科的鸟类。其体长为

lí mǐ   yì zhǎn   lí mǐ   lí mǐ   tǐ zhòng   kè
18厘米，翼展34厘米~35厘米，体重40克~64

kè   shòu mìng yuē wéi shí sān nián   tā shǔ yú xiǎo xíng míng qín   quán
克，寿命约为十三年。它属于小型鸣禽，全

shēn jī běn shang chéng pú táo huī hè sè   tóu bù sè shēn chéng lì
身基本上呈葡萄灰褐色，头部色深呈栗

hè sè   tóu dǐng yǒu yì cóng xì cháng chéng cù zhuàng de yǔ guān
褐色，头顶有一丛细长呈簇状的羽冠，

zài yǔ guān de liǎng cè yǒu yì tiáo hēi sè guàn yǎn wén cóng zuǐ jī jīng
在羽冠的两侧有一条黑色贯眼纹从嘴基经

yǎn dào hòu zhěn   zài lì hè sè de tóu bù jí wéi xǐng mù   qí chì
眼到后枕，在栗褐色的头部极为醒目。其翅

yǔ jù yǒu bái sè yì bān   cì jí fēi yǔ yǔ gàn de mò duān jù yǒu
羽具有白色翼斑，次级飞羽羽干的末端具有

hóng sè dī zhuàng bān   wěi bù yǒu hēi sè hé huáng sè de duān bān
红色滴状斑。尾部有黑色和黄色的端斑。

qí tè zhēng míng xiǎn   shù liàng zhòng duō   tǐ tài yōu měi   míng shēng
其特征明显、数量众多、体态优美、鸣声

清柔,是冬季园林内的观赏鸟类。

太平鸟除繁殖期成对活动外,其他时候也多成群活动,有时甚至集成近百只的大群。通常活动在树木顶端和树冠层。它们常在枝头跳来跳去、飞上飞下,有时也到林边灌木或路上觅食。太平鸟在飞行时鼓动两翅急速直飞,

太平鸟是中国传统笼养鸟种,其形象俊美,颇得养鸟人的喜爱。

除繁殖期外,没有固定的活动区,常到处游荡。越冬栖息地以针叶林及高大阔叶树为主。处于繁殖期的太平鸟主要以昆虫为食,秋后则以浆果为主食,也吃花楸、酸果蔓、野蔷薇、山楂、鼠李的果实,以及落叶松的球果。

迷你档案馆

英文名:Waxwing
中文名:太平鸟
类 别:鸟类
科:太平鸟科
分布地:分布于美洲、亚洲、欧洲。

图书在版编目(CIP)数据

神奇海洋天空动物 / 崔钟雷主编. -- 长春：吉林
美术出版社，2011.3（2015.5 重印）
（世界儿童经典爱读系列）
ISBN 978-7-5386-5314-4

Ⅰ. ①神… Ⅱ. ①崔… Ⅲ. ①动物 - 儿童读物
Ⅳ. ①Q95-49

中国版本图书馆 CIP 数据核字（2011）第 028911 号

书　　名：神奇海洋天空动物		

策　　划	钟　雷	
主　　编	崔钟雷	
副 主 编	刘志远　芦　岩　于　佳	
出 版 人	石志刚	
责任编辑	栾　云	
装帧设计	稻草人工作室	
开　　本	880mm×1230mm　1/16	
字　　数	100 千字	
印　　张	7	
版　　次	2015 年 5 月第 2 版	
印　　次	2015 年 5 月第 2 次印刷	

出　　版	吉林出版集团
	吉林美术出版社
发　　行	吉林美术出版社图书经理部
地　　址	长春市人民大街 4646 号
	邮编：130021
电　　话	图书经理部：0431-86037896
网　　址	www.jlmspress.com
印　　刷	三河市燕春印务有限公司

ISBN 978-7-5386-5314-4　　定价：29.80 元